住房和城乡建设部“十四五”规划教材
全国住房和城乡建设职业教育教学指导委员会建筑与规划类专业指导委员会规划推荐教材
高等职业教育建筑与规划类“十四五”数字化新形态教材

古建筑施工组织与管理

主　编　杨建林　陈　良
主　审　唐小卫

中国建筑工业出版社

出版说明

党和国家高度重视教材建设。2016 年，中办国办印发了《关于加强和改进新形势下大中小学教材建设的意见》，提出要健全国家教材制度。2019 年 12 月，教育部牵头制定了《普通高等学校教材管理办法》和《职业院校教材管理办法》，旨在全面加强党的领导，切实提高教材建设的科学化水平，打造精品教材。住房和城乡建设部历来重视土建类学科专业教材建设，从“九五”开始组织部级规划教材立项工作，经过近 30 年的不断建设，规划教材提升了住房和城乡建设行业教材质量和认可度，出版了一系列精品教材，有效促进了行业部门引导专业教育，推动了行业高质量发展。

为进一步加强高等教育、职业教育住房和城乡建设领域学科专业教材建设工作，提高住房和城乡建设行业人才培养质量，2020 年 12 月，住房和城乡建设部办公厅印发《关于申报高等教育职业教育住房和城乡建设领域学科专业“十四五”规划教材的通知》（建办人函［2020］656 号），开展了住房和城乡建设部“十四五”规划教材选题的申报工作。经过专家评审和部人事司审核，512 项选题列入住房和城乡建设领域学科专业“十四五”规划教材（简称规划教材）。2021 年 9 月，住房和城乡建设部印发了《高等教育职业教育住房和城乡建设领域学科专业“十四五”规划教材选题的通知》（建人函［2021］36 号）。为做好“十四五”规划教材的编写、审核、出版等工作，《通知》要求：（1）规划教材的编著者应依据《住房和城乡建设领域学科专业“十四五”规划教材申请书》（简称《申请书》）中的立项目标、申报依据、工作安排及进度，按时编写出高质量的教材；（2）规划教材编著者所在单位应履行《申请书》中的学校保证计划实施的主要条件，支持编著者按计划完成书稿编写工作；（3）高等学校土建类专业课程教材与教学资源专家委员会、全国住房和城乡建设职业教育教学指导委员会、住房和城乡建设部中等职业教育专业指导委员会应做好规划教材的指导、协调和审稿等工作，保证编写质量；（4）规划教材出版单位应积极配合，做好编辑、出版、发行等工作；（5）规划教材封面和书脊应标注“住房和城乡建设部‘十四五’规划教材”字样和统一标识；（6）规划教材应在“十四五”期间完成出版，逾期不能完成的，不再作为《住房和城乡建设领域学科专业“十四五”规划教材》。

住房和城乡建设领域学科专业“十四五”规划教材的特点，一是重点以修订教育部、住房和城乡建设部“十二五”“十三五”规划教材为主；二是严格按照专业标准规范要求编写，体现新发展理念；三是系列教材具有明显特点，满足不同层次和类型的学校专业教学要求；四是配备了数字资源，适应现代化教学的要求。规划教材的出版凝聚了作者、主审及编辑的心血，得到了有关院校、出版单位的大力支持，教材建设管理过程有严格保障。希望广大院校及各专业师生在选用、使用过程中，对规划教材的编写、出版质量进行反馈，以促进规划教材建设质量不断提高。

住房和城乡建设部“十四五”规划教材办公室

2021 年 11 月

前　言

《古建筑施工组织与管理》是高职古建筑工程技术、建筑工程技术、建设工程管理、工程监理等专业的专业课程，是一门针对古建筑施工的复杂性，来研究古建筑建设过程中统筹安排与系统管理的课程。

本书紧扣《建筑施工组织设计规范》GB/T 50502、《古建筑修建工程施工与质量验收规范》JGJ 159 等现行规范标准，并参考《中国古建筑修缮及仿古建筑工程施工质量验收指南》《中国古建筑知识手册》两本书中的知识内容展开编写，因此具有较好的规范性和专业性，便于广大古建技术从业人员使用。

在融入规范标准的同时，教材编写组还参考了部分古建筑施工企业的先进组织与管理方法，并融入工程实际中的常见案例进行整合。共编写有古建筑施工组织绪论、古建筑施工准备工作、古建筑流水施工原理、古建筑网络计划技术、古建筑施工组织总设计、古建筑单位工程施工组织设计、古建筑施工管理等七个章节，兼顾常规建筑项目施工组织的普适性和古建筑项目施工组织的特殊性，并配备了相关例题和习题，图文并茂，繁简得当，具有专业性、新颖性和实用性。

本教材为江苏城乡建设职业学院立项教材建设项目，由校企合作团队共同开发。第 1 ~ 3 章由江苏城乡建设职业学院杨建林编写，第 4 章由江苏农林职业技术学院方应财编写，第 5 ~ 6 章由江苏城乡建设职业学院陈良编写，第 7 章由镇江市锦华古典园林建筑有限公司黎金虎编写。全书由杨建林负责统稿，江苏苏中建设集团副总工程师唐小卫对全书作了审定。

教材编写过程中，得到了古建筑施工单位和许多同行、专家的大力帮助，在此一并表示诚挚的谢意！

限于编者的水平与经验，书中难免有不妥之处，敬请读者批评指正。

编者

目 录

1

Gujianzhu Shigong Zuzhi Xulun

古建筑施工组织绪论

学习目标：

1. 理解古建筑施工组织的含义和研究任务。

2. 了解古建筑施工的特点。

3. 了解古建筑施工的分类及其程序。

4. 掌握古建筑施工组织设计的作用、编制原则及分类。

导读：

作为初学本课程的学生，最先想了解的就是古建筑施工组织主要研究些什么？与现代建筑相比，古建筑施工具有怎样的特殊性？我国现阶段古建筑施工有哪些类型，各自的施工程序是怎么样的？古建筑施工组织设计的编写又具有怎样的注意点？同学们可以带着这些疑问学习本章内容。

本章知识体系思维导图：

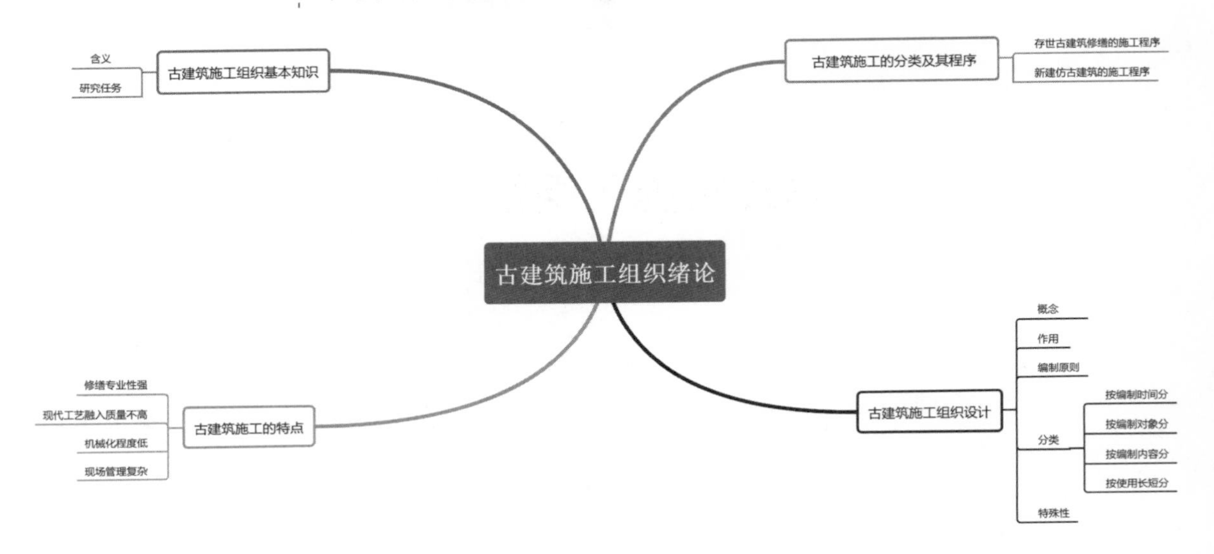

1.1 古建筑施工组织含义及研究任务

古建筑施工组织是针对古建筑工程施工的复杂性，系统研究古建筑工程建设的统筹安排与管理规律，制订古建筑工程施工最合理的组织与管理方法的一门科学。古建筑施工组织的研究任务，是探求在古建筑施工过程中，从技术和经济统一的全局出发，在符合古建筑施工特点和文物保护要求的前提下，选取合理的施工组织方案和管理方法，并根据具体的条件，以最优的方式解决施工组织与管理中的问题，对施工的各项活动作出全面、科学的规划和部署，使人力、物力、财力、技术资源得以充分利用，优质、高效地完成古建筑施工建设任务。

1.2 古建筑施工的特点

中国古建筑施工的特点主要由古建筑产品的特点所决定。目前古建筑施工主要包括存世古建筑的修缮（图 1–1）和仿古建筑的新建（图 1–2）。

图 1-1 古建筑修缮加固（上）
图 1-2 新建仿古建筑（下）

和其他工业产品相比较，古建筑产品具有工艺古老、体积庞大、复杂多样、整体难分、不易移动等特点，从而使古建筑施工除了具有一般建筑生产的基本特性外，还具有下述主要特点。

（1）修缮专业性强

对于存世古建筑的修缮和加固，要求具备很强的操作专业性。古建筑的修缮不是一蹴而就的，必须经过系统性的设计，每一个地方的古建筑的特定样式，都与本地的政治、经济、社会、人文、自然环境等息息相关，只有对古建筑的背景进行深入了解，才能选择与古建筑风格相符的、符合历史事实的施工组织方法进行修缮，从而保持古建筑的风貌。古建筑的修缮是一项专业性要求很高的工作，不仅要求技术人员能通过史料制订古建筑的修缮方案，细化古建筑修复的施工工艺，更要在修缮的时候最大限度地保持古建筑原有的风貌。

（2）现代工艺融入质量不高

对于仿古建筑的新建，目前现代施工工艺有所融入但整体质量不高。仿古建筑既要有古建筑传统艺术的传承，又要符合现代建筑的安全性。在仿古建筑的新建过程中，大量现代材料、工艺、技术得以应用，但存在现代工艺与仿古建筑结合较差、技术不够成熟的现象，例如：仿古建筑中混凝土柱与木梁连接技术、仿古木柱的收分及侧角、新型砌筑材料的砖缝处理等方面存在缺陷。

（3）机械化程度低

与现代建筑施工略有不同，目前我国古建筑施工机械化程度还很低，仍要依靠大量的手工操作。存在劳力密集程度大、需要使用传统工艺且工艺项目繁多而琐碎的现象。

（4）现场管理复杂

古建筑施工常需要根据古建筑结构情况进行多工种配合作业，多单位交叉配合施工，所用的物资和设备种类繁多，因而现场施工组织和施工管理较为复杂，要求也较高。

1.3 古建筑施工的分类及其程序

1.3.1 存世古建筑修缮的施工程序

（1）现状鉴定

进行现状鉴定的目的是为合理制订修缮加固方案提供技术依据，包括确定导致可见损坏的原因，确认结构的整体性和工作性能。其中，鉴定报告是现状鉴定的最终成果，它是制订古建筑修缮加固方案的主要技术依据，鉴定报告的内容一般应包括：工程对象受损的范围、程度；工程对象整体技术状态；造成结构及结构材料劣化、损坏的主要原因；应采取的处理措施或对策。

（2）修缮加固设计

在现状鉴定的基础之上开展修缮加固的设计。设计的主要任务是制订细化的修缮加固方案，选择修缮加固材料及施工方法，绘制修缮加固施工图。需要注意，设计过程要充分考虑施工期间对古建筑整体风貌可能产生的影响。

（3）修缮加固施工

通常古建筑的修缮加固施工是一项专业性很强的技术施工，要求古建筑施工单位既要有良好的技术素质，又要有专业工程经验，施工之前还要编制详细的施工组织设计，制订完善的施工操作流程表。

（4）验收与工程效果检验

古建筑修缮加固完成之后，要按照《古建筑修建工程施工与质量验收规范》JGJ 159—2008 等既定现行规范标准进行验收。

1.3.2 新建仿古建筑的施工程序

中国古代建筑随着时代的发展，经过不断创造，逐渐形成了世界上独一无二的建筑体系和风格。现阶段由于混凝土结构的发展，除修缮工程仍采用原结构体系外，其他新建、复建古建筑，多采用钢筋混凝土结构代替部分砖木构架，形成了现阶段的仿古建筑。

现代仿古建筑通常根据建筑构架层次分解构件，按结构的受力情况做成混凝土的单体构件。部分预制构件与现浇节点的连接采用二次浇筑混凝土（例如代替榫卯安装），经过预制、现浇多层叠合施工，使其形成具有古建筑风貌的刚性混凝土结构构架。仿古建筑结构构架的清水混凝土经过油漆彩绘之后，就可达到古建筑的整体艺术效果。

混凝土仿古建筑主要施工程序包括：平面弹线→柱子施工→额枋施工→构件制作→脚手架搭设→构件安装→节点处理→框架梁板及屋盖施工→清理、修补、落架→油漆彩绘等仿古处理等。

1.4 古建筑施工组织设计

1.4.1 古建筑施工组织设计的概念

古建筑施工组织设计是指拟开工的古建筑，在开工前针对工程本身的特点和工地的具体情况，按照工程的要求，对所需的施工劳动力、施工材料、施工机具和施工临时设施，经过科学计算、精心对比及合理安排后编制的一套在时间和空间上进行合理施工的战略部署文件。

古建筑施工组织设计以古建筑为研究对象，从拟开工古建筑施工全过程中的人力、物力和空间等三个要素着手，在人力与物力、主体与辅助、供应与消耗、生产与储存、专业与协作、使用与维修和空间布置与时间排列等方面进行科学、合理的部署，为建筑产品生产的节奏性、均衡性和连续性提供最优方案，从而以最少的资源消耗取得最大的经济效果，使最终古建筑产品的生产在时间上达到速度快和工期短、在质量上达到精度高和功能好、在经济上达到消耗少和利润高的目的。

1.4.2　古建筑施工组织设计的作用

其主要作用包括以下几个方面。

（1）施工组织设计有助于施工准备工作的开展

施工组织设计是施工准备工作的重要组成部分，也是做好施工准备工作的依据和保证。通过对施工过程实行科学规划，可以确保各施工阶段的准备工作按时进行。

（2）施工组织设计有助于施工进度计划的实施

通过施工组织设计的编制，可以全面考虑拟建工程的具体施工条件，并结合施工条件拟定合理的施工方案，进而确定施工顺序、施工方法和劳动组织，提高统筹安排项目的施工进度计划的合理性。

（3）施工组织设计有助于资源配置工作的优化

施工组织设计中统计的各项资源需要量计划，可为施工全过程组织材料、机具、设备、劳动力需要量的供应和使用提供数据支持。

（4）施工组织设计有助于现场平面布置的协调

通过编制施工组织设计，把投入的各种资源、材料、构件、机械、道路、水电供应网络、生产、生活活动场地及各种临时工程设施合理地布置在施工现场，使整个现场能有组织地进行文明施工。

（5）施工组织设计有助于多业务多部门的配合

通过编制施工组织设计，可以将工程的设计与施工、技术与经济、施工全局性规律和局部性规律、土建施工与设备安装通盘考虑，各部门之间、各专业之间结合更加紧密。

（6）施工组织设计有助于现场问题风险的控制

编制施工组织设计的过程，其实也是分析和规避施工中的风险和矛盾的过程，通过及时研究、制订解决问题的对策和措施，从而提高施工的预见性，为实现建设目标提供技术保证。

1.4.3 古建筑施工组织设计的编制原则

1）严格执行基本建设程序，认真贯彻党和国家关于基本建设方面的有关方针、政策和规定。

2）遵循古建筑施工工艺及其技术规律，坚持合理的施工程序和施工顺序。

3）尽量采用修旧如旧及古法的施工技术，科学地制订施工方案；严格控制工程质量，确保安全施工。

4）采用流水施工方法、网络计划技术和其他现代管理方法，组织有节奏、均衡和连续的施工。

5）科学地安排冬期和雨期施工项目，保证全年施工的均衡性和连续性。

6）充分利用现有的施工机械和设备，扩大机械化施工范围，提高施工项目机械化程度，不断改善劳动条件，提高劳动生产率。

7）尽可能减少施工设施，合理储存建设物资，减少物资运输量；科学地规划施工平面图，减少施工用地。

1.4.4 古建筑施工组织设计的分类

1）根据古建筑工程施工组织设计的编制时间，可以分为：标前设计和标后设计（表 1–1）。

施工组织设计按编制时间分类 **表 1–1**

种类	服务范围	编制时间	编制者	主要特点	主要追求目标
标前设计	投标签约	投标书编制前	经营管理层	规划性	中标、经济效益
标后设计	施工准备至验收	签约后开工前	项目管理层	作业性	施工效率和效益

“标前设计”的内容一般包括：工程概况、施工方案、施工进度计划、主要技术组织措施、其他。而“标后设计”的内容则一般包括：工程概况、工程部署、施工方案、施工技术组织措施、施工进度、资源供应计划、施工平面图、施工准备计划、技术经济指标等，一般比“标前设计”更为详尽。

2）根据建筑工程施工组织设计的编制对象，可以分为：施工组织总设计、单位工程施工组织设计、分部工程施工组织设计。

施工组织总设计是以一个建筑群或一个建设项目为编制对象，用以指导整个建筑群或建设项目施工全过程的各项施工活动的技术、经济和组织的综合性文件。施工组织总设计一般在初步设计或扩大初步设计被批准之后，通常在总承包企业的总工程师领导下进行编制。

单位工程施工组织设计是以一个单位工程（一个建筑物或构筑物，一个交工系统）为编制对象，用以指导其施工全过程的各项施工活动的技术、经济和组织的综合性文件。单位工程施工组织设计一般在施工图设计完成后，通常在拟建工程开工之前在项目部的技术负责人领导下进行编制。

分部工程施工组织设计是以分部工程为编制对象，用以具体实施分部工程施工过程各项施工活动的技术、经济和组织的综合性文件。分部工程施工组织设计一般与单位工程施工组织设计的编制同时进行，通常由单位工程的技术人员负责编制。

3）根据编制内容的繁简程度不同，可以分为完整的施工组织设计和简单的施工组织设计两种。

对于工程规模大、结构复杂、技术要求高，采用新结构、新技术、新材料和新工艺的拟建工程项目，必须编制内容详尽的完整施工组织设计；对于工程规模小、结构简单、技术要求和工艺方法不复杂的拟建工程项目，可以编制仅包括施工方案，施工进度计划和施工平面布置图等内容较为粗略简单的施工组织设计。

4）根据使用时间长短不同，施工组织设计可分为长期施工组织设计、年度施工组织设计和季度施工组织设计等三种。

1.4.5 古建筑施工组织设计的特殊性

现代建筑的施工组织设计理论和实践发展已经非常成熟，而古建筑施工组织设计的编制在实际施工中则仍然较少，且有其自身的特殊性。中式传统古建筑以木结构和砌体结构为主，在材料选用、平面处理和艺术造型等方面都有许多自己的特点，且古建筑修缮加固、仿古建筑的设计和建造领域，新技术、新材料也应用纷纷，使得古建筑施工组织设计需要考虑的因素更多，更加要求我们严谨、细致对待。

延伸知识：

存世古建筑修缮的基本原则

1）不改变古建筑原状修缮原则

古建筑具有不可再生性，在古建筑修缮工程施工环节，修缮施工人员要加大对古建筑的保护力度，遵守不改变古建筑原状的修缮原则。如果修缮施工人员在修缮过程当中改变建筑原状，古建筑很容易失去历史价值。因此，修缮施工人员要结合古建筑结构特点，采取科学的修缮施工方法进行修缮。在修缮过程中，施工人员要根据古建筑既有的结构特点，对原有的修缮施工方法进行优化，尽可能减少和古建筑不协调的设计与施工，经修缮的部位应与原有风格保持一致，保证古建筑结构与外观更为协调。

2）遵守古建筑修缮计划原则

我国大部分的古建筑工程均是特定历史时期所遗留下来的，历经长时间的考验，具有良好的历史文化价值。古建筑修缮工程的施工难度比较大，同一类型的古建筑其修缮施工流程存在差异。所以，对于古建筑修缮施工人员来讲，要认真按照针对某一古建筑制订的修缮计划进行修缮施工。通过遵守古建筑修缮计划原则，能够帮助修缮施工人员进一步了解古建筑设计理念内涵，明确保护与修缮古建筑的重要意义，提升古建筑修缮施工水平，保证古建筑修缮工程施工管理工作更为规范，真正达到提升古建筑修缮质量的目标。

3）约定俗成和传统工艺修缮原则

古建筑修缮工程当中，施工人员不能够随意堆砌、创新，为了更好地保证古建筑原有形态，施工人员要遵守约定俗成的修缮法则与传统工艺修缮原则。运用传统修缮施工工艺，能小修的不大修，能使用原材料的尽量使用原材料，更好地保证古建筑原有形态。比如，在扎肩修缮环节，采用勾抹板缝的修缮工艺，能够有效保持古建筑原有形态，将传统工艺与新型工艺进行完美结合，能够保证古建筑更为安全。

章节检测

一、单项选择题

1. 古建筑施工的特点不包括（　　）。

A. 修缮专业性强　　B. 机械化程度高

C. 现场管理复杂　　D. 现代工艺融入质量不高

2. 建筑生产的流动性是由于建筑产品的（　　）造成的。

A. 生产周期长　B. 固定性　C. 多样性　D. 体积庞大

3. 建筑产品生产过程联系面广、综合性强是由于建筑产品的（　　）形成的。

A. 固定性　B. 多样性　C. 体积庞大　D. 生产周期长

4. 在同一个建设项目中，下列关系正确的是（　　）。

A. 建设项目≥单项工程＞单位工程＞分部工程＞分项工程

B. 建设项目＞单位工程＞检验批＞分项工程

C. 单项工程≥单位工程＞分部工程＞分项工程

D. 单项工程＞单位工程≥分部工程＞分项工程＞检验批

5. 标前施工组织设计追求的主要目标是（　　）。

A. 施工质量　　B. 中标和经济效益

C. 履行合同义务　　D. 工期效率

二、判断题

1. 可行性研究是对项目在技术上是否可行和经济上是否合理进行科学的分析和论证。（　　）

2. 施工组织设计按编制对象范围的不同分为施工组织总设计、单位工程施工组织设计、分部工程施工组织设计和专项施工方案。（　　）

3. 一所学校其中的一栋教学楼建设属于一个建设项目。（　　）

4. 标后施工组织设计的编制时间是签约后、开工前。（　　）

三、简答题

1. 古建筑施工的特点是什么？

2. 比较分析标前设计和标后设计的区别。

2

Gujianzhu Shigong Zhunbei Gongzuo

古建筑施工准备工作

学习目标：

1. 了解古建筑施工准备工作的意义和准备的内容。

2. 掌握古建筑施工原始资料调查内容的分类。

3. 理解古建筑施工技术准备之审查图纸的步骤和方法。

4. 了解古建筑物资准备的内容和现场人员准备的实施要点。

5. 能够描述古建筑施工现场准备中“六通一平”的内涵。

6. 能够描述冬雨期施工准备的内容。

导读：

施工准备工作是为了保证工程顺利开工和施工活动正常进行而必须做好的各项准备工作之和。它不仅仅存在于开工之前，且贯穿于施工的全过程。那么古建筑施工到底应该准备些什么内容？在开工前需要调查收集哪些方面的资料？古建筑施工的图纸需要经历怎样的审查过程？施工现场需要准备哪些物资？如何做好场区内的“六通一平”？在古建筑施工过程中遇到冬期和雨期我们又该做好哪些防范和应对措施？上述内容我们都将在本章中进行系统的学习。

本章知识体系思维导图：

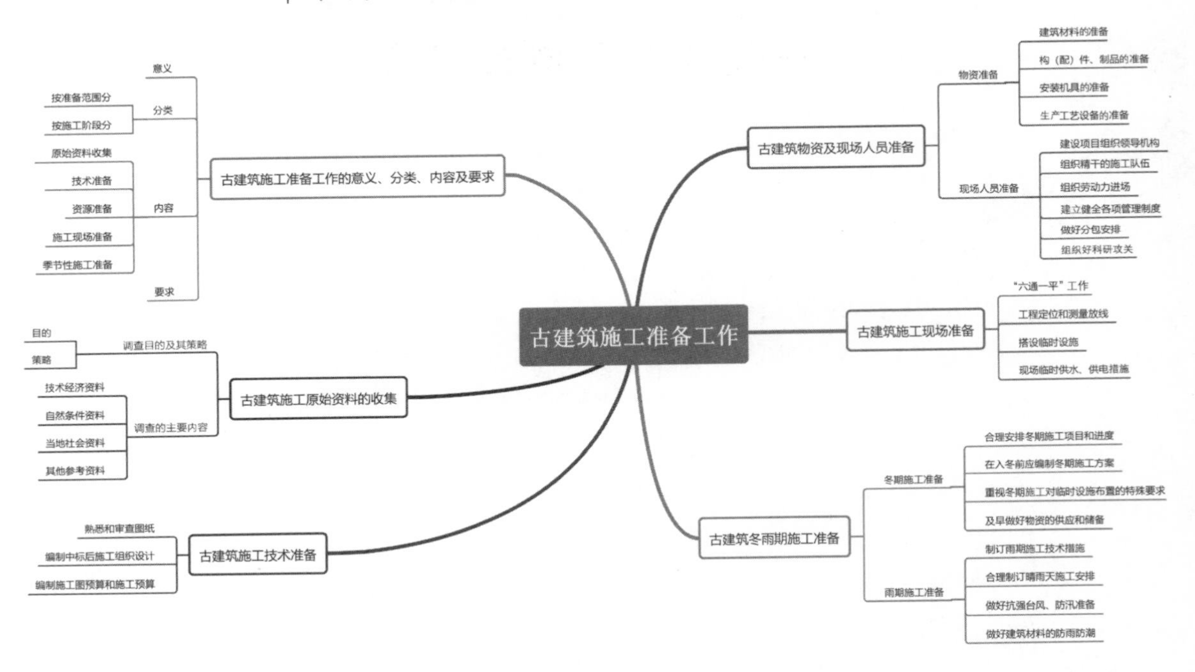

2.1 古建筑施工准备工作的意义、分类、内容及要求

2.1.1 施工准备工作的意义

施工准备工作是指从组织、技术、经济、劳动力、物资等各方面，为了保证建筑工程施工能够顺利进行，事先应做好的各项工作。施工准备工作是保证施工生产顺利完成的战略措施和重要前提，它不仅存在于开工之前，而且贯穿于施工的全过程。古建筑施工是一项十分复杂的建设生产活动，它不但需要耗用大量的材料、使用许多机具设备、组织安排各种工人进行生产劳动，而且还要处理各种复杂的技术经济问题、协调组织各种协

图 2-1 施工现场准备

作配合关系，可以说涉及面广、情况复杂、技术要求高，如果事先缺乏统筹安排和高效准备，势必会造成混乱，使工程施工无法正常进行。而事先全面、细致地做好施工准备工作，则对调动各方面的积极因素、合理组织人力和物力、加快施工进度、提高工程质量、节约资金和材料、提高综合效益都会起到积极的作用。

大量实践经验证明，凡是重视和做好施工准备工作，并能够事先细致、周到地为施工创造一切有利条件，则该工程的施工任务就能够顺利完成；反之，如果违背施工规律，忽视施工准备工作，工程仓促上马，则不仅不能提高工程质量和加快施工进度，还会造成其他事与愿违的负面影响。因此，严格遵守施工程序，按照客观规律组织施工，做好各项准备施工，是施工顺利进行和工程圆满完成的重要保证（图 2-1）。一方面可以保证拟建工程施工能够连续、均衡、有节奏、安全地进行，并在规定的工期内交付使用；另一方面对于发挥企业优势、合理供应资源、加快施工速度、提高工程质量、降低工程成本、增加企业经济效益、赢得企业社会信誉、实现企业管理现代化等具有重要的意义。

在现实生活中，充分的准备可以使你事半功倍，而没有准备的行动可能面临失败的结局，面对学习也要做一个善于准备和规划的人。

2.1.2 施工准备工作的分类与内容

（1）按施工准备工作的范围不同分类

按工程项目施工准备工作的范围不同，一般可分为全场性施工准备、单位工程施工条件准备和分部（项）工程作业条件准备等三种。

1）全场性施工准备。它是以一个建筑工地为对象而进行的各项施工准备。特点是其施工准备工作的目的、内容都是为全场性施工服务的，不仅要为全场性的施工活动创造有利条件，而且要兼顾单位工程施工条件的准备。

2）单位工程施工条件准备。它是以一个建筑物或构筑物为对象而进行的施工条件准备工作。特点是其准备工作的目的、内容都是为单位工程施工服务的，不仅为该单位工程在开工前做好一切准备，而且要为分部分项工程做好施工准备工作。

3）分部（项）工程作业条件准备。它是以一个分部分项工程或冬雨期施工为对象而进行的作业条件准备。

（2）按拟建工程所处施工阶段的不同分类

按拟建工程所处的施工阶段不同，一般可分为开工前的施工准备和各施工阶段前的施工准备等两种。

1）开工前的施工准备。特指以拟建工程正式开工之前所进行的带有全局性和整体性的施工准备。其作用是为工程开工创造必要的施工条件。它既包括全场性的施工准备，又包括单项单位工程施工条件准备。

2）各施工阶段前的施工准备。它是在拟建工程开工之后，某一单位工程或某个分部（分项）工程或某个施工阶段、某个施工环节前所进行的带有局部性和经常性的施工准备，其作用是为每个施工阶段创造必要的施工条件。它一方面是开工前施工准备工作的深化和具体化；另一方面要根据各施工阶段的实际需要和变化情况，随时作出补充和修正。

如仿古建筑混凝土柱梁体系的施工，一般可分为柱子施工、柱头卷刹及额枋施工（构件制作、脚手架搭设）、构件安装及现浇异形构件多层叠合施工、柱头节点处理、框架梁板及屋盖施工等施工阶段，每个施工阶段的施工内容不同，所需要的技术条件、物资条件、组织要求和现场布置等方面也不同，因此在每个施工阶段开工之前，都必须做好相应的施工准备工作。

可以看出，不仅在拟建工程开工之前应做好施工准备工作，而且随着工程施工的进展，在各施工阶段开工之前也要做好施工准备工作。施工准备工作既要有阶段性，又要有连贯性，因此施工准备工作必须有计划、有步骤、分期分阶段地进行，并贯穿古建筑施工全过程。

（3）施工准备工作的内容

施工准备工作的内容通常包括以下五个方面：

1）原始资料收集；2）技术准备；3）资源准备；4）施工现场准备；5）季节性施工准备。

为落实各项施工准备工作，加强检查和监督，应根据各项施工准备工作的内容、时间和人员，编制施工准备工作计划。施工准备工作的内容见图2-2。

2.1.3 施工准备工作的要求

为了做好施工准备工作，应注意以下几方面的具体要求。

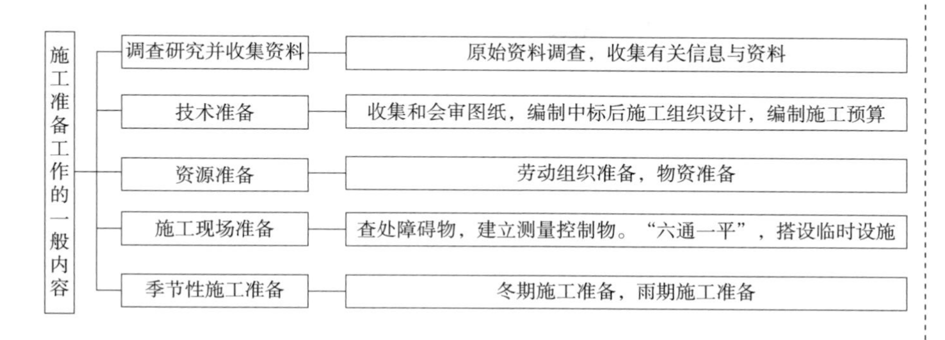

图2-2 施工准备工作内容

（1）编制施工准备工作计划

要编制详细的计划，列出施工准备工作的内容以及要求完成的时间和责任人等。由于各项准备工作之间有相互依存的关系，单纯的计划难以表达清楚，还可以编制施工准备工作网络计划明确关系并找出关键工作。利用网络图进行施工准备期的调整，尽量缩短时间。

施工准备工作计划，应当在施工组织设计中予以安排，作为施工组织设计的基本内容之一，同时注重施工过程中的统筹安排。

（2）建立严格的施工准备工作责任制与检查制度

由于施工准备工作项目多、范围广，有时施工准备工作的期限比正式施工期限还要长，因此必须有严格的责任制。要按计划将责任明确到有关部门甚至个人，以保证按计划要求的内容及完成时间进行工作。同时明确各级技术负责人在施工准备工作中应负的领导责任，以便推动和促使各级领导认真做好施工准备工作。

（3）施工准备工作应取得建设单位、设计单位及各有关协作单位的大力支持

将建设、设计、施工三方面结合在一起，并组织土建、专业协作单位，统一步调，分工协作，以便共同做好施工准备工作。

（4）施工准备工作应做好的四个结合

1）设计与施工相结合。设计与施工两方面的积极配合，对加速施工准备是非常重要的。双方应互通情况，通力协作，为准备工作快速、准确落实创造有利条件。设计单位应尽可能按施工程序出图，对规模较大的工程和特殊工程，首先提供建筑总平面图、单项工程平面图、基础图以利于及早规划施工现场，提前进行现场准备。对于地下管道多的工程，应先设计出主要的管网图及交通道路的施工图，以利于现场尽快实现“六通一平”（通水、通电、通路、通信、通燃气、通排污、场地平整），便于材料进场和其他准备工作。

2）室内准备与室外准备相结合。室内准备工作是指各种技术经济资

料的编制和汇集；室外准备工作是指施工现场和物资准备。室内准备对室外准备起指导作用，而室外准备是室内准备的具体落实。

3）土建工程与专业工程相结合。土建施工单位在明确施工任务，制订出施工准备工作的初步计划后，应及时通知各有关协作的专业单位，使各协作单位及早做好施工准备工作。

4）前期准备与后期准备相结合。前期准备可以为拟建工程正式开工创造必要的施工条件，但因后期每个施工阶段的施工内容、所需技术条件、物资条件、组织要求和现场布置等都不同，因此仍需在每个施工阶段开工前做好相应的施工准备工作。

2.2 古建筑施工原始资料的收集

2.2.1 原始资料调查目的及其策略

（1）原始资料调查的目的

由于古建筑工程施工涉及的单位多、内容广、情况多变、问题复杂，其地区特征、技术经济条件各异，原始资料上的某些差错往往会导致严重的后果。此外，只有使用正确的原始资料才能够做好施工方案，合理确定施工进度，才能正确地作出各项资源计划和施工现场的安排。因此，为了编制出一份符合实际情况、切实可行、质量较高的施工组织设计，必须首先通过实地勘察与调查研究，掌握正确的原始资料，并对这些原始资料进行细致、认真的分析研究，以便为解决各项施工组织问题提供正确的依据。

（2）原始资料调查的策略

调查工作开始之前，应拟订调查提纲，使之有目的、有计划地进行。调查范围的大小，应根据拟建工程的规模、复杂性和对当地情况的熟悉程度的不同而定。对新开辟地区应调查得全面些，对熟悉地区或掌握了大量情况的部分，则可酌情从略。

首先应向建设单位、勘察设计单位收集工程资料，如工程设计任务书，工程地质、水文勘察资料，地形测量图，初步设计或扩大初步设计以及工程规划资料，例如工程规模、性质、建筑面积、投资计划等。

其次是向当地气象台（站）调查有关气象资料，向当地有关部门、单位收集当地政府的有关规定及建设工程提示以及有关协议书，了解劳动力水平、运输能力和地方建筑材料的生产能力。

通过对以上原始材料的调查，做到心中有数，为编制施工组织设计提供充分的资料和依据。

2.2.2 原始资料调查的主要内容

原始资料的调查包括技术经济资料的调查、建设场址自然条件资料的勘察和社会资料的调查。

（1）技术经济资料调查

主要包括建设地区的能源、交通、材料、半成品及成品货源、价格等内容，作为选择施工方法和确定费用的依据。

1）建设地区的能源调查。能源一般是指水源、电源、气源等。供水、供电、供气条件资料收集可向当地城建、电力、电信、天然气公司和建设单位等进行调查，主要用作选择临时供水、供电、供气方式，提供经济分析比较的依据。建设地区能源调查的内容和目的见表 2–1。

2）建设地区的交通调查。交通运输方式一般有铁路、公路、水路、航空等，地区交通运输条件资料收集包括铁路、公路、水路信息等，交通运输资料可向当地铁路、公路运输和航运管理部门进行调查，主要用作组织施工运输业务、选择运输方式的依据。建设地区交通调查的内容和目的见表 2–2。

3）主要材料的调查。内容包括三大材料（钢材、木材和水泥）、特殊材料和主要设备。这些资料一般可向当地工程造价管理站及有关材料、设备供应部门进行调查，作为确定材料供应、储存和设备订货、租赁的依据。主要材料和设备调查的内容和目的见表 2–3。

4）半成品及成品的调查。内容包括地方资源和建筑企业的情况。这些资料一般向当地计划、经济及建设等管理部门进行调查，可用作确定材

建设地区能源调查的内容和目的 **表 2–1**

序号	项目	调查内容	调查目的
1	给水排水	1. 工地用水与当地现有水源连接的可能性、可供水量，接管地点、管径、材料、埋深，水压、水质及水费，至工地距离，沿途地形、地物状况。 2. 自选临时江河水源的水质、水量，取水方式、至工地距离，沿途地形、地物状况，自选临时水井的位置、深度、管径、出水量和水质。 3. 利用永久性排水设施的可能性，施工排水的去向、距离和坡度，有无洪水影响	1. 确定施工及生活供水方案。 2. 确定工地排水方案和防洪设施。 3. 拟订给水排水设施的施工进度计划
2	供电与通信	1. 当地电源位置，引入的可能性，可供电的容量、电源、导线截面和电费，引入方向，接线地点及其至工地距离，沿途地形、地物状况。 2. 建设单位和施工单位自有的发、变电设备的型号、台数和容量。 3. 利用临近电信设施的可能性，电话、电报局等至工地的距离，增设电信设备的可能性及其线路布置情况	1. 确定施工供电方案。 2. 确定施工通信方案。 3. 拟定供电、通信设备的施工进度计划
3	燃气等	1. 确定燃气来源、可供燃气量及燃气价格。 2. 确定燃气接管地点，至工地的距离，管径、埋深等，沿途地形、地物状况	1. 确定施工及生活用气方案。 2. 确定燃气的供应计划

建设地区交通调查的内容和目的 **表 2-2**

序号	项目	调查内容	调查目的
1	铁路	1. 邻近铁路专用线、车站至工地的距离及沿途运输条件。 2. 站场卸货长度，起重能力和储存能力。 3. 装载单个货物的最大尺寸、重量的限制。 4. 运费、装卸费和装卸力量	1. 选择施工运输方式。 2. 拟订施工运输计划
2	公路	1. 主要材料产地至工地的公路等级，路面构造宽度及完好情况、允许最大载重量，途经桥涵等级、允许最大载重量。 2. 当地专业运输机构及附近村镇能提供的装卸、运输能力，汽车、畜力、人力车的数量及运输效率，运费、装卸费。 3. 当地有无汽车修配厂，修配能力和至工地距离	
3	航运	1. 货源、工地至邻近河流、码头渡口的距离，道路情况。 2. 洪水、平水、枯水期时，通航的最大船只及号位，取得船只的可能性。 3. 码头装卸能力，最大起重量，增设码头的可能性。 4. 渡口的渡船能力，同时可载汽车、马车数，每日次数，能为施工提供的能力。 5. 运费、渡口费、装卸费	

主要材料和设备调查的内容和目的 **表 2-3**

序号	项目	调查内容	调查目的
1	三大材料	1. 钢材订货的规格、级别、数量。 2. 木材订货的规格、等级、数量。 3. 水泥订货的品种、强度级别、数量	1. 确定临时设施的堆放场地。 2. 确定木材加工计划。 3. 确定水泥储存方式
2	特殊材料	1. 需要的品种、规格、数量。 2. 试制、加工和供应情况	1. 制订供应计划。 2. 确定储存方式
3	主要设备	1. 主要工艺设备名称、规格、数量和供货单位。 2. 分批和全部到货时间	1. 确定临时设施和堆放场地。 2. 拟订防雨措施

料、构配件、制品等货源的加工供应方式、运输计划和规划临时设施。具体调查内容见表 2-4、表 2-5。

（2）建设场址自然条件资料勘察

自然条件资料收集主要内容包括：建设地点的气象、地形、地貌、工程地质、水文地质、场地周围环境、地上障碍物和地下隐蔽物等。这些资

地方资源调查的内容 **表 2-4**

序号	材料名称	产地	储存量	质量	开采量	出厂价	开发费	运距	单位运价
1									
2									
3									

材料、成品、半成品的价格调查表 表 2-5

材料、成品、半成品的名称	单位	原价依据	原价	供销部门手续费	运输费	包装费	采购保管费	价格

料来源于当地气象台、勘察设计单位和施工单位进行现场勘测的结果，用作确定施工方法和技术措施，并作为编制施工进度计划和施工平面布置设计的依据，如地上建筑物的拆除、高压电线路的搬迁、地下构筑物的拆除和各种管线的搬迁等各项工作。建设场址自然条件资料的调查内容和目的见表 2-6。

建设场址自然条件资料的调查内容和目的 表 2-6

项目	调查内容	调查目的
气温	1. 年平均最高、最低温度，最冷、最热月份的逐日平均温度。 2. 冬、夏季室外计算温度。 3. ≤ -3℃、0℃、5℃的天数、起止时间	1. 确定防暑降温的措施。 2. 确定冬期施工措施。 3. 估计混凝土、砂浆强度
雨雪	1. 雨期起止时间。 2. 月平均降雨（雪）量、最大降雨（雪）量、一昼夜最大降雨（雪）量。 3. 全年雷暴日数	1. 确定雨期施工措施。 2. 确定工地排水、预洪方案。 3. 确定工地防雷设施
风	1. 主导风向及频率。 2. ≥ 8 级风的全年天数、时间	1. 确定临时设施的布置方案。 2. 确定高空作业及吊装的技术安全措施
地形	1. 区域地形图：1/25000 ~ 1/10000。 2. 工程位置地形图：1/2000 ~ 1/1000。 3. 该地区城市规划图。 4. 经纬坐标桩、水准基桩位置	1. 选择施工用地。 2. 布置施工总平面图。 3. 场地平整及土方量计算。 4. 了解障碍物及其数量
地质	1. 钻孔布置图。 2. 地质剖面图：土层类型、厚度。 3. 物理力学指标：天然含水量、孔隙率、塑性指数、渗透系数、压缩试验及地基土强度。 4. 底层的稳定性：断层滑块、流沙。 5. 最大冻结深度。 6. 地基土破坏情况，钻井、古墓、防空洞及地下构筑物	1. 土方施工方法的选择。 2. 地基土的处理方法。 3. 基础施工方法。 4. 复核地基基础设计。 5. 拟订障碍物拆除方案
地震	地震烈度	确定对基础的影响、注意事项
地下水	1. 最高、最低水位及时间。 2. 水的流速、流向、流量。 3. 水质分析，水的化学成分。 4. 抽水试验	1. 基础施工方案选择。 2. 降低地下水的方法。 3. 拟订防止侵蚀性介质的措施
地面水	1. 邻近江河湖泊距工地的距离。 2. 洪水、平水、枯水期的水位、流量及航道深度。 3. 水质分析。 4. 最大、最小冻结深度及冻结时间	1. 确定临时给水方案。 2. 确定施工运输方案。 3. 确定水工工程施工方案。 4. 确定工地防洪方案

1）地形、地貌调查。内容包括工程建设规划图、区域地形图、工程位置地形图，水准点、控制桩的位置，现场地形、地貌特征，勘察高程及高差等。对地形简单的施工现场，一般采用目测和步测；对场地地形复杂的施工现场，可用测量仪器进行观测，也可向规划部门、建设单位、勘察单位等进行咨询。这些资料可作为设计施工平面图的依据。

2）工程地质及水文地质调查。工程地质包括地层构造、土层的类别及厚度、土的性质、承载力及地震级别等。水文地质包括地下水的质量，含水层的厚度，地下水的流向、流量、流速，最高和最低水位等。这些内容的调查，主要是采取观察的方法，如直接观察附近的土坑、沟道的断层，附近建筑物的地基情况，地面排水方向和地下水的汇集情况；钻孔观察地层构造、土的性质及类别、地下水的最高和最低水位。还可向建设单位、设计单位、勘察单位等进行调查，作为选择基础施工方法的依据。

3）气象资料调查。气象资料主要指气温（包括全年、各月平均温度，最高与最低温度，5℃及0℃以下天数、日期）、雨情（包括雨期起止时间，年、月降水量，日最大降水量等）和风情（包括全年主导风向频率、大于八级风的天数及日期）等资料。向当地气象部门进行调查，可作为确定冬雨期施工措施的依据。

4）周围环境及障碍物调查。内容包括施工区域内的建筑物、构筑物、沟渠、水井、树木、土堆、电力架空线路、地下沟道、人防工程、给水排水管道、埋地电缆、天然气管道、地下杂填坑、枯井等。这些资料要通过实地踏勘，或向建设单位、设计单位等调查取得，可作为现场施工平面布置的依据。

（3）社会资料调查

主要包括建设地区的政治、经济、文化、科技、民俗等内容。其中社会劳动力和生活设施、施工各单位情况的调查资料，主要用作拟订劳动力安排计划、建立施工生活基地、确定临时设施面积的依据。

1）社会劳动力和生活设施的调查。内容和目的见表2-7。这些资料可以向当地劳动、卫生、教育部门进行收集。

2）施工单位情况的调查。内容和目的见表2-8，这部分资料可向建筑施工企业及主管部门调查。

2.2.3 参考资料的收集

为弥补原始资料的不足，还要借助一些相关的参考资料作为依据。主要包括现行的由国家有关部门制定的技术规范、规程及有关技术规定；企业现有的施工定额、施工手册、类似工程的技术资料及平时施工实践活动中所积累的资料等。收集这些相关信息与资料，是进行施工准备工作和编

社会劳动力和生活设施调查的内容及目的 表 2-7

序号	项目	调查内容	调查目的
1	社会劳动力	1. 少数民族地区的风俗习惯。 2. 当地能提供的劳动力人数、技术水平和来源。 3. 上述人员的生活安排	1. 拟订劳动力计划。 2. 安排临时设施
2	房屋设施	1. 必须在工地居住的单身人数和户数。 2. 能作为施工用的现有的房屋栋数、每栋面积、结构特征、总面积、位置，水、暖、电、卫设备状况。 3. 上述建筑物的适宜用途，用作宿舍、食堂、办公室的可能性	1. 确定现有房屋为施工所用的可能性。 2. 安排临时设施
3	周围环境	1. 主副食品供应、日用品供应、文化教育、消防治安等机构为施工提供的支援能力。 2. 邻近医疗单位至工地的距离，可能就医的情况。 3. 当地公共汽车、邮电服务情况。 4. 周围是否存在有害气体，污染情况，有无地方病	安排职工生活基地，满足生活需要

施工单位情况调查的内容和目的 表 2-8

序号	项目	调查内容	调查目的
1	工人	1. 工人的总数，各专业工种的人数，能投入本工程的人数。 2. 专业分工及一专多能情况。 3. 定额完成情况	1. 了解总、分包单位的技术、管理水平。 2. 选择分包单位。 3. 为编制施工组织设计提供依据
2	管理人员	1. 管理人员总数，各种人员比例及人数。 2. 工程技术人员的人数，专业构成情况	
3	施工机械	1. 名称、型号、规格、台数及其新旧程度（列表）。 2. 总装配程度，技术装备率和动力装备率。 3. 拟增购的施工机械明细表	
4	施工经验	1. 历史上曾经施工过的主要工程项目。 2. 习惯采用的施工方法，曾采用的先进施工方法。 3. 科研成果和技术更新情况	
5	主要指标	1. 劳动生产率指标：产值、产量、全员建安劳动生产率。 2. 质量指标：产品优良率及合格率。 3. 安全指标：安全事故频率。 4. 利润成本指标：产值、资金利用率、成本计划实际降低率。 5. 机械设备完好率、利用率和效率	

制施工组织设计的依据之一，可为其提供有价值的参考。

（1）气象、雨期及冬期参考资料

这些资料一般向气象部门调查获取，可作为确定雨期及冬期施工措施的依据。

（2）机械台班产量参考指标

土方机械、混凝土机械、起重机械台班产量参考指标见表 2-9 ~ 表 2-11。

土方机械台班产量参考指标 表 2-9

机械名称	型号	主要性能		理论生产率		常用台班产量	
		斗容量	反铲时最大挖深	单位	数量	单位	数量
蟹斗式	—	0.2m^3	—	m^3/h	—	m^3	80 ~ 120
履带式	W1-30	0.3m^3	2.6（基坑） 4（沟槽）	m^3/h	72	m^3	150 ~ 250
轮胎式	W3-30	0.3m^3	4	m^3/h	63	m^3	200 ~ 300
履带式	W1-50	0.5m^3	5.56	m^3/h	120	m^3	250 ~ 350
履带式	W1-60	0.6m^3	5.2	m^3/h	120	m^3	300 ~ 400
履带式	W2-100	1m^3	5.0	m^3/h	240	m^3	400 ~ 600
履带式	W2-100	1m^3	6.5	m^3/h	180	m^3	350 ~ 550

混凝土机械台班产量参考标准 表 2-10

序号	机械名称	型号	主要性能	理论生产率		常用台班产量	
				单位	数量	单位	数量
1	混凝土搅拌机	J1-250	装料容量 0.25m^3	m^3/h	3 ~ 5	m^3	15 ~ 25 25 ~ 50
		J1-400	装料容量 0.4m^3		6 ~ 12		
		J1-375	装料容量 0.375m^3		12.5		
		J1-1500	装料容量 1.5m^3		30		
2	混凝土搅拌机组	HL1-20	0.75m^3 双锥式搅拌机		20		—
		HL1-90	1.6m^3 双锥式搅拌机组 3 台		72 ~ 90		

起重机械台班产量参考指标 表 2-11

序号	机械名称	工作内容	常用台班产量	
			单位	数量
1	履带式起重机	构件综合吊装，按每吨期中能力计	t	5 ~ 10
2	轮胎式起重机	构件综合吊装，按每吨期中能力计	t	7 ~ 14
3	汽车式起重机	构件综合吊装，按每吨期中能力计	t	8 ~ 18
4	塔式起重机	构件综合吊装，按每吨期中能力计	t	80 ~ 120
5	门式起重机	构件吊装	t	15 ~ 20
6	平台式起重机	构件吊装	t	15 ~ 20
7	卷扬机	构件提升，按每吨牵引力计	t	30 ~ 50
		构件提升，按提升次数计	次	60 ~ 100

2.3 古建筑施工技术准备

技术准备即通常所说的"内业"工作，它是施工准备工作的核心，指导着现场施工准备工作，对于保证建筑产品质量、实现安全生产、加快工程进度、提高工程经济效益都具有十分重要的意义。

任何技术差错和隐患都可能引起人身安全和质量事故，造成生命财产和经济的巨大损失，因此，必须重视做好技术的准备，其主要内容包括：熟悉和审查施工图纸，编制施工图预算与施工预算，编制中标后施工组织设计等。

2.3.1 熟悉和审查图纸

（1）熟悉审查施工图纸的依据

1）建设单位和设计单位提供的初步设计或扩大初步设计（技术设计）、施工图设计、建筑总平面图和城市规划等资料文件。

2）调查、搜集的原始资料。

3）设计、施工验收规范和有关技术规定。

（2）熟悉审查施工图纸的目的

1）为了能够按照设计图纸的要求顺利地进行施工，生产出符合设计要求的最终产品。

2）为了能在开工前，使从事的建设工程施工技术与管理人员充分了解和掌握设计图纸的设计意图、结构特点和技术要求。

3）通过审查，发现图纸中出现的问题和错误，使之在开工之前得到改正，为正式施工提供一份准确的设计图纸。

（3）图纸会审程序

1）图纸会审的一般程序：业主或监理方主持人发言→设计方图纸交底→施工方、监理代表提问→逐条研究→形成会审记录文件→签字、盖章后生效。

2）图纸会审前必须组织预审。阅图中发现的问题应归纳汇总，会上派一代表为主发言，其他人可视情况适当解释、补充。

3）施工方及设计方专人对提出和解答的问题做好记录，以便查核。

4）整理成为图纸会审记录，由各方代表签字盖章认可。

参加图纸会审的单位包括：建设单位、设计单位、监理单位、施工单位。项目监理人员应熟悉工程设计文件，并应参加由建设单位主持的图纸会审和设计交底会议，会议纪要应由总监理工程师签认。由此可证，图纸会审和设计交底由建设单位主持（图 2–3）。

图2-3　图纸会审

(4) 图纸会审内容

1) 审查拟建工程的地点、建筑总平面图同国家、城市或地区规划是否一致，以及建筑物或构筑物的设计功能和使用要求是否符合卫生、防火及美化城市方面的要求。

2) 审查设计图纸是否完整、齐全，以及设计和资料是否符合国家有关工程建设的设计、施工方面的方针和政策。

3) 审查设计图纸与说明书在内容上是否一致，以及设计图纸与其各组成部分之间有无矛盾、错误。

4) 审查建筑总平面图与其他结构图在几何尺寸、坐标、标高、说明等方面是否一致，技术要求是否正确。

5) 审查工业项目的生产工艺流程和技术要求，掌握配套投产的先后次序和相互关系，以及设备安装图纸与其配合的土建施工图纸在坐标、标高上是否一致，掌握土建施工质量是否满足设备安装的要求。

6) 审查地基处理与基础设计同拟建工程地点的工程水文、地质等条件是否一致，以及建筑物或构筑物与地下建筑物或构筑物、管线之间的关系。

7) 明确拟建工程的结构形式和特点，复核主要承重结构的强度、刚度和稳定性是否满足要求，审查设计图纸中的过程复杂、施工难度大和技术要求高的分部分项工程或新结构、新材料、新工艺，检查现有施工技术水平和管理水平能否满足工期和质量要求，并采取可行的技术措施加以保证。

8) 明确建设期限，分期分批投产或交付使用的顺序和时间，以及工程所用的主要材料、设备的数量、规格、来源和供货日期。

9）明确建设、设计和施工等单位之间的协作、配合关系，以及建设单位可以提供的施工条件。

（5）图纸会审记录填写方法

1）工程名称：按合同书中建设单位提供的名称或设计图注的名称填写。

2）工程编号：施工企业按施工顺序编排或按设计图注编号。

3）结构类型：按设计文件确定的结构类型填写。

4）参加人员：由建设单位、设计单位、监理单位、施工单位等参加会审的人员分别签名。

5）会审时间：注明年、月、日。

6）主持人：一般由建设单位主持，有多人主持时也可分别签名。

7）记录内容：记录会审中发现的所有需要修改、增加的内容，并提出解决的方法、时间等。

（6）施工图纸的现场签证

在拟建工程施工的过程中，如果发现施工的条件与设计图纸的条件不符，或者发现图纸中仍然有错误，或者因为材料的规格、质量不能满足设计要求，或者因为施工单位提出了合理化建议，需要对图纸进行修订时，应遵循技术核定和设计变更的签证制度，进行图纸的施工现场签证。设计变更的内容对拟建工程的规模、投资影响较大时，要报请项目的原批准单位批准。在施工现场的图纸修改、技术核定和设计变更资料，都要有正式的文字记录，归入拟建工程施工档案，作为指导施工、竣工验收和工程结算的依据（图 2-4）。

二维码 古建筑施工技术准备之图纸会审

签　证　单

工程名称			执行工程变更令编号	
签证内容	单位	工程数量	计算式	
建设单位 年 月 日	施工单位 年 月 日		监理单位 年 月 日	

注：1. 本表由基建处归档备案。

图 2-4 现场签证单

2.3.2 编制中标后施工组织设计

施工组织设计是以施工项目为对象编制的，用以指导施工的技术、经济和管理的综合性文件。若施工图设计是解决造什么样的建筑物产品，则施工组织设计就是解决如何建造的问题。由于受建筑产品及其施工特点的影响，每一个工程项目开工前，都必须根据工程特点与施工条件来编制施工组织设计。

标后施工组织设计是施工单位在施工准备阶段编制的指导拟建工程从施工准备到竣工验收乃至保修回访的技术经济、组织的综合性文件，也是编制施工预算，实行项目管理的依据，是施工准备工作的主要文件。

标后施工组织设计编制过程中有以下注意事项：

1）施工单位必须在甲方约定的时间内完成中标后施工组织设计的编制与自审工作，并填写施工组织设计报审表，报送项目监理机构；

2）总监应在约定的时间内，组织专业监理人员审查，提出审查意见后，由总监审定批准，已审定的施工组织设计由项目监理机构报送建设单位；

3）施工单位应按审定的施工组织设计文件组织施工，如果需要对其内容作较大变更，应在实施前书面报送项目监理机构重新审定；

4）对规模大、结构复杂或属新结构、特种结构的工程，专业监理提出审查意见后，由总监签发审查意见，必要时与建设单位协商，组织有关专家会审。

2.3.3 编制施工图预算和施工预算

编制工程预算是根据施工图纸以及国家或地方有关部门编制的建筑工程施工定额，进行施工的预算编制。它是控制工程成本支出与工程消耗的依据。根据施工预算中分部分项工程量及定额工程用量，对各施工班组下达施工任务，以便实行限额领料及班组核算，从而实现降低工程成本和提高管理水平的目的。

（1）施工图预算

施工图预算是技术准备工作的重要组成部分，它是按照施工图确定的工程量，施工组织设计所拟定的施工方法，建筑预算定额及取费标准，由施工单位主持编制的确定工程造价的文件；是施工企业签订工程承包合同、工程结算、银行贷款、成本核算、加强经营管理等工作的重要依据。

（2）施工预算

施工预算是施工单位根据施工合同价款、施工图纸、施工组织设计或施工方案、施工定额等文件进行编制的企业内部经济文件，它直接受施工合同中合同价款的控制，是施工前的一项重要准备工作。

（3）施工图预算与施工预算的区别

施工图预算是甲乙双方确定预算单价、发生经济联系的技术经济文件；而施工预算则是施工企业内部经济核算的依据。施工图预算确定企业工程收入的预算成本，施工预算确定企业控制各项支出的计划成本，在正常情况下，计划成本应小于预算成本，否则将因超支而亏损。施工图预算与施工预算的比较，通称“两算”比较，是促进施工企业降低物资消耗，增加资金积累的重要手段，“两算”对比应在工程开工以前进行。

2.4　古建筑物资及现场人员准备

2.4.1　物资准备

生产资料的准备主要包括建筑材料的准备、构（配）件的准备、制品加工装备的准备、安装机具的准备、生产工艺设备的准备等。

（1）建筑材料的准备

根据预算的工料分析，按施工进度计划的使用要求，材料储备定额和消耗定额，分别按材料名称、规格、使用时间进行汇总，编制出材料需要量计划。

同时根据不同材料的供应情况，及时组织货源，签订供货合同，保证采购供应计划的准确可靠。

对于特殊材料，一定要及早提出供货计划，掌握货源和价格，保证按时供应。国外进口材料须按规定办理使用外汇和国外订货的审批手续，再通过外贸部门谈判、签约。

对于材料的运输和储备，首先为保证材料的合理动态配置，材料应按工程进度要求分期分批进行贮运；进场后的材料要严格保管，以保证材料的原有数量和原有的使用价值；现场材料应按施工平面布置图的位置，按照材料的物理、化学性质，合理堆放，避免材料混淆和变质、损坏，造成浪费。

（2）构（配）件、制品加工装备的准备

构（配）件包括各种古建筑木构件、金属构件、钢筋混凝土构件、预制品等，这些构配件要在图纸会审后立即提出预制加工单，确定加工方案、供应渠道及进场后的储存地点和方式。现场预制的大型构件，应做好场地规划与底座施工，并提前加工预制（图 2-5）。

（3）安装机具的准备

根据采用的施工方案和安排的施工进度，确定施工机械的类型、数量和进场时间；确定施工机具的供应办法和进场的存放地点和方式，编制安

图 2-5 古建筑施工常用材料准备

装机具的需要计划量，为组织运输、存放面积等提供依据。

（4）生产工艺设备的准备

按照拟建工程生产工艺流程及工艺设备的布置图，提出工艺设备的名称、型号、生产能力和需要量；按照设备安装计划确定分期分批进场时间和保管方式；编制工艺设备需要量计划，为组织运输、确定存放和组装面积等提供依据。

另外，生产资料准备工作还有以下注意事项：

1）无出场合格证明或没有按照规定进行复验的原材料、不合格的建筑构配件，一律不得进场和使用。严格执行施工物资的进场检查验收制度，杜绝假冒伪劣产品进入施工现场。

2）施工过程中要注意查验各种材料、构配件的质量和使用情况，对不符合质量要求、与原试验检测样品不符或有怀疑的，应提出复验或化学检验的要求。

3）现场配置的防水材料、耐火材料、绝缘材料、保温隔热材料、防腐蚀材料、润滑材料以及各种掺合料、外加剂等，使用前均应由试验室确定材料的规格和配合比，并制定出相应的操作方法和检验标准后方可使用。

4）进场的机械设备必须进行开箱检查验收，产品的规格、型号、生产厂家和地点、出厂日期等，必须与设计要求完全一致。

2.4.2 现场人员准备

工程项目是否能够按照目标完成，很大程度上取决于承担这一工程的施工人员的素质。人员组织准备包括施工管理层和作业层，主要内容包括：项目组织领导机构建设，组织精干的施工队伍，组织劳动力进场，建立健全各项管理制度，做好分包安排，组织好科研攻关等。

（1）建设项目组织领导机构

对于实行项目管理的工程，建立项目组织机构就是建立项目经理部。高效率的项目组织机构的建立，不仅为建设单位服务，也为整个项目管理目标服务。

这项工作实施得合理与否很大程度上关系到拟建工程能否顺利进行，施工企业建设项目经理部，要针对工程特点和建设单位要求，根据有关规定进行精心组织安排，认真抓好、抓实、抓细。

（2）组织精干的施工队伍

施工队组的建立要认真考虑专业、工种的合理配合，技工、普工的比例要合理，要符合流水施工组织方式的要求。

确定建立的施工队组是专业施工队组，或是混合施工队组，要坚持合理、精干的原则；同时制订出该工程的劳动力需要量计划。

（3）组织劳动力进场

针对工程施工难点，组织工程技术人员和工人队组中的骨干力量，进行类似工程的考察学习；做好专业工程技术培训，提高对新工艺、新材料使用操作的适应能力；强化质量意识，抓好质量教育，增强质量观念；工人队组实行优化组合、双向选择、动态管理，最大限度地调动职工的积极性；认真、全面地进行施工组织设计的落实和技术交底工作；抓好施工安全、安全防火和文明施工等方面的教育；注意改善个人的劳动、生活条件，如照明、取暖、防雨、通风、降温等，重视职工身体健康。

（4）建立健全各项管理制度

包括：项目管理人员岗位责任制度；项目技术管理制度；项目质量管理制度；项目安全管理制度；项目计划、统计与进度管理制度；项目成本核算制度；项目材料、机械设备管理制度；项目现场管理制度；项目分配与奖励制度；项目例会及施工日志制度；项目分包及劳务管理制度；项目组织协调制度；项目信息管理制度等。

（5）做好分包安排

对于本企业难以承担的一些专业项目，如古建筑特殊位置的顶撑、大型构件的吊装等项目，应及早做好分包或劳务安排，与有关单位协调，签订分包合同或劳务合同，以保证按计划施工。

（6）组织好科研攻关

凡工程中采用带有试验性的新材料、新产品、新工艺项目，应在建设单位、主管部门的参加下，组织有关设计、科研、教学单位共同进行科研工作。要明确相互承担的试验项目、工作步骤、时间要求、经费来源和职责分工。

2.5 古建筑施工现场准备

2.5.1 “六通一平”工作

对于新建的仿古建筑项目，拆除项目施工范围内的一切地上、地下妨碍施工的障碍物，并把施工道路、水电管网接通到施工现场的“场外三通”（通水、通电、通路）的工作，通常是由建设单位来完成，但有时也会委托施工单位完成。

除了以上“三通”以外，有些项目开发建设中，还要求有“通排污”“通燃气”“通信”等。

如果工程的规模较大，这一工作可分阶段进行，优先保证第一期开工用地范围内的“六通一平”工作先完成，再依次进行其他范围内的工作。

（1）通水

施工现场的通水包括给水和排水两个方面。施工用水包括生产与生活用水，其布置应按施工总平面图的规划进行安排。施工给水设施应尽量利用永久性给水线路。临时管线的铺设，既要满足生产用水点的需要和方便使用，也要尽量缩短管线。施工现场的排水也是十分重要的，尤其在雨期，排水一出现问题，会影响施工的顺利进行。因此，要做好有组织的排水工作。

（2）通电

根据各种施工机械用电量及照明用电量，计算选择配电变压器，并与供电部门联系，按施工组织设计的要求，架设好连接电力干线的工地内外临时供电线路及通信线路。应注意对建筑红线内及现场周围不能拆迁的电线、电缆加以妥善保护。此外，还应在供电系统供电不足或不能供电时，考虑使用备用发电机，从而满足施工工地连续供电的需求。

（3）通路

施工现场的道路是组织大量物资进场的运输动脉，为了保证建筑材料、机械、设备和构件能顺利进场，必须先修通主要干道及必要的临时性道路。为了节省工程费用，应尽可能利用已有的道路或结合正式工程的永久性道路。为使施工时不损坏路面和加快修路速度，可以先做路基，施工完毕后再做路面。

（4）通排污、通燃气、通信

施工中如需要通排污、燃气，应按施工组织设计的要求进行安排，以保证施工的顺利进行。同时，开工前要按照施工组织设计的要求，接通电信设施，确保施工现场通信设备的正常运行。

（5）场地平整

场地内的障碍物已经全部拆除，满足在标后设计中（中标后的施工组织设计）生产区、生活区在施工活动中的平面布置，以及测量建筑物的坐标、标高、施工现场抄平放线的需要。

施工现场的平整工作是按建筑总平面图进行的。首先，通过测量计算出挖土及填土的数量，设计土方调配方案，组织人力或机械进行平整工作。

如仿古建筑拟建场地内有旧建筑物，则须拆迁，而古建筑加固则无需拆除。同时，要清理地面上的各种障碍物，如树根等。还要特别注意地下管道、电缆等情况，对它们必须采取可靠的拆除或保护措施。

2.5.2　工程定位和测量放线

工程定位首先按照建筑总平面图和建设方提供的水准控制基桩，以及桩基施工承包方已经设置的本建设区域水准基桩和工程测量控制网进行校对、复核验收并做好补设，加强保护工作；其次，按建筑施工平面图由基准点引测至龙门桩，符合施工规范，经验收符合要求后方可开工，进行土方开挖和基坑围护等施工工作。

按照设计单位提供的建筑总平面图和城市规划部门给定的建筑红线桩或控制轴线桩及标准水准点进行测量放线，在施工现场范围内建立平面控制网、标高控制网，并对其桩位进行保护；同时，还要测定出建筑物、构筑物的定位轴线、其他轴线及开挖线等，并对其桩位进行保护，以此作为施工的依据。其工作的进行一般是在土方开挖之前，在施工场地内设置坐标控制网和高程控制点来实现的，这些网点的设置应视工程范围的大小和控制的精度而定。

测量放线是确定拟建工程平面位置和标高的关键环节，施测中必须认真负责，确保精度，杜绝差错。为此，施测前应对测量仪器钢尺等进行检

图 2-6 办公用房、宿舍等临时设施

验校正，并了解设计意图，熟悉并校核施工图，制订出测量放线方案，按照设计单位提供的建筑总平面图及给定的永久性经纬坐标控制网和水准控制基桩，进行施工测量，设置施工测量控制网。

2.5.3 搭设临时设施

施工现场搭设的临时设施包括：仓库、搅拌站、加工厂作业棚、办公用房、宿舍、食堂、文化生活设施等（图 2-6）。

现场生活和生产用的临时设施，应按施工平面图的要求进行布置。临时建筑平面图及主要房屋结构图都应报请城市规划、市政、消防、交通、环境保护等有关部门审查批准。

为保证安全及文明施工，应用围墙将施工用地围护起来，围墙的形式、材料和高度应符合市容管理的有关规定和要求，并在主要出入口设置标牌挂图，标明工程项目名称、施工单位、项目负责人等信息。

2.5.4 现场临时供水、供电措施

（1）现场临时供水的分类

建筑工地临时供水主要包括：生产用水、生活用水和消防用水三种。

生产用水包括工程施工用水、施工机械用水。

生活用水包括施工现场生活用水和生活区生活用水。

（2）现场临时供水的方法

施工单位根据古建筑规模、结构、檐高、工程地点（城市近郊区以内不允许现场搅拌混凝土）计算出生产用水，根据进驻工地施工的人数计算出生活用水以及消防用水等，累计算出日需要水量，要求建设单位提供直径符合要求的水管并安装到红线以内，施工单位的项目经理（建造师）依据施工工程的实际需要以及拟定的施工组织设计（施工方案）安装临时管网。在安装临时水管时，尽量利用红线内的正式管网，如果可以利用宜取

而代之，应在破土动工之前先把红线内的室外管线铺设到室外检查井再接通临时管网，以便节约现场管理费中的临时设施费用。

（3）节水措施

1）在临时用水点处均设节水龙头。

2）所有管道接头处要严密，以防漏水。

3）现场设专人负责，发现水阀和龙头处滴水，及时修理或更换。

（4）临水（消防）系统的维护与管理

1）临时用水应设置专人负责管理，建立临时用水管理制度，严格管理，防止用水浪费及渗漏、跑水造成不必要的损失。

2）施工时应注意保证消防管路通畅，消火栓箱内设施完备，且箱前道路畅通，无阻塞或堆放杂物。现场路面应及时清扫，保证干净无积水。公共区、设备区、加工区还应在明显位置设置足够的手提式干粉灭火器。

3）设专人来管理临时用水的设备、设施，做到对设备、设施的定期、不定期检查，发现设备运转不灵或损害要及时修理或更换，必须确保设备正常运转。

4）应加强施工现场厕所的管理，及时清扫、冲洗，保持整洁，无堵塞现象。排水沟应定期清扫疏通，保证排水畅通。

5）对于有渗漏的管线及阀门应及时进行维修。

6）各个施工用水点做到人走水关，杜绝人走水流现象，尤其是施工作业面的临水管理。

7）成立用水管理、督查小组。

（5）现场临时供电设施

临时用电工程应采用中性点直接接地的380/220V三相四线制低压电力系统和三相五线制接零保护系统。

施工企业在施工组织设计中，根据施工工期、古建筑的高度和跨度，建筑构配件或设备的最大重量，确定大型垂直运输机械的安装数量及型号，以及施工现场需要设置的中小型机械和施工方案中计划使用的施工电动机具。根据施工照明计算出生产用电，再根据施工企业进驻施工现场办公的操作（干活）人数计算生活用电，然后累计出总供电量，要求建设单位提供满足需求的变压器或电闸总表。施工企业项目负责人按照标后设计（中标后的施工组织设计），布线接通电源，安装临时电线或电缆，也可把红线的室外线路铺设安装到位，再接通临时线路，节省费用开支。临时线路要用合格产品，防止漏电，确保生产安全。

施工现场用电设备5台以上或者用电设备在50kW以上时，应编制临时用电施工组织设计，5台和50kW以下时，应编制安全用电技术措施和用电防火措施。

（6）施工现场照明供电要求

1）一般场所的照明电压为220V。

2）沟道、高温、有导电粉尘和狭窄的场所，照明电压应不大于36V。

3）潮湿和易触及照明线路的场所，照明电压不大于24V。

4）特别潮湿、导电良好的地面、金属容器内，照明电压不大于12V；夜间照明灯的电压不大于36V。

5）照明变压器应为双绕组型，严禁使用自耦变压器。

6）正常环境下照明电器选用开启型，潮湿环境下选用密闭防水型，易燃易爆场所选用防爆型。

2.6 古建筑冬雨期施工准备

建筑工程施工绝大多数工作是露天作业，受气候影响比较大，因此，在冬期、雨期施工中，必须从具体条件出发，正确选择施工方法，做好季节性施工准备工作，以保证按期、保质、安全地完成施工任务，取得较好的技术经济效果。

2.6.1 冬期施工准备

冬期施工技术方案的拟定必须遵循下列原则：确保工程质量；经济合理，使增加的措施、费用最少；工期能满足规定要求。

（1）合理安排冬期施工项目和进度

对于采取冬期施工措施费用增加不大的项目，如吊装、打桩工程等可列入冬期施工范围；而对于冬期施工措施费用增加较大的项目，如土方、基础、防水工程等，尽量安排在冬期之前进行。

凡进行冬期施工的工程项目，必须复核施工图纸是否能适应冬期施工要求，如砌体墙的高厚比、横墙间距等有关的结构稳定性，以及工程结构能否在寒冷状态下安全过冬等问题，应通过图纸会审解决。

（2）在入冬前应编制冬期施工方案

根据冬期施工规程，结合工程实际及施工经验等进行冬期施工方案编制，尽可能缩短工期。方案确定后，要组织有关人员学习，并向队组进行交底。

（3）重视冬期施工对临时设施布置的特殊要求

施工临时给水排水管网应采取防冻措施，尽量设在冰冻线以下，外露的管网应用保暖材料包扎，避免受冻；注意道路的清理，防止积雪阻塞，保证运输畅通。

（4）及早做好物资的供应和储备

及早准备好混凝土促凝剂等特殊施工材料和保温材料，以及锅炉、蒸汽管、劳保防寒用品等。

同时，加强冬期防火保安措施，及时检查消防器材和装备的性能。冬期施工时，要采取防滑措施，冬期采暖时，要防止煤气中毒，防止漏电触电。

2.6.2 雨期施工准备

雨期具有降雨量大、突发性、持续性的特点，雨期施工要根据以下原则合理安排：

1）编制施工组织计划时，要根据雨期施工的特点，将不宜在雨期施工的分项工程提前或延后安排。对必须在雨期施工的工程应制订行之有效的技术措施。

2）合理进行施工安排，做到晴天抓紧室外工作，雨天安排室内工作，尽量缩小雨天室外作业时间和工作面。

3）密切注意气象预报，做好抗强台风、防汛等准备工作，必要时应及时加固在建的工程。

4）做好建筑材料的防雨防潮工作。

延伸知识：

1. 存世古建筑修缮前原材料资料的收集

原材料包括基础材料、地面材料、墙体材料、木构材料、装修材料和油饰材料等。原构件的收集应进行详细的绘图及材料性能等文字记载统计，后将这些构件按类型和条件加以保护。

进行墙体和屋面材料的信息收集。由于自然和人为因素，墙体和屋面材料分散遗漏在地表或埋藏于地下，包括砖块、瓦片、滴水等。收集过程可能繁琐，收集到的材料残缺不全，但这些原建筑材料可以在进行修缮施工前为修缮提供原建筑的风格、材料、外观和颜色，提升修缮质量，延续历史信息。

对原建筑物柱、梁架、斗栱、门窗等木质的构件材料收集。在文物古建筑的附近可能会有石柱、石阶等材料散落，而木质构件材料，可以勘察附近古建筑的构件材质加以确定材料和历史风格。

对原建筑的油漆材料信息收集。木质构件的油漆在时间的流逝中极难完整保存，对于这类文物古建筑，修缮工程前期，应做大量的文献调查，研究同组建筑油漆作为参考，明确历史风格和当时自然环境与人文习俗，以便更准确地确认其材质、颜色。在进行文物古建筑单体修缮工程时，我们也可勘察原建筑木质构件残留油漆，如木质构件的爆裂处和柱头等这些部位有较大可能拥有原有建筑的油漆留存，找出隐蔽和不容易被浸蚀破坏的部位进行油漆的材质和颜色的确定，减少误差，保证最大的修缮还原度。

2. 物资准备中“三大材”的历史变化

解放初期：水泥大量生产使用，“三大工程材料”为砖瓦、水泥和木材；改革开放时期：中国工业化进程提速，钢材生产能力快速发展，“三大工程材料”为钢材、水泥和木材；21 世纪后至今：玻璃幕墙大量在公共建筑中采用，“三大工程材料”逐渐往钢材、水泥和玻璃方向发展。

（由工业和信息化部官网工信数据中公布的建筑材料产量数据确定。）

章节检测

一、单项选择题

1. 下列哪项是属于工程技术经济条件调查的内容（　　）。

A. 地形图　　B. 工程水文地质

C. 交通运输　　D. 气象资料

2. 工程的自然条件资料有（　　）等资料。

A. 交通运输　　B. 供水供电条件

C. 地方资源　　D. 地形

3. “三通一平”是建筑工程施工准备工作的（　　）。

A. 技术准备　　B. 物资准备

C. 施工现场准备　　D. 后勤准备

4. 工程项目开工前，（　　）应向监理单位报送工程开工报告审批表及开工报告、证明文件等，由总监理工程师签发，并报（　　）。

A. 建设单位，施工单位　　B. 设计单位，施工单位

C. 施工单位，建设单位　　D. 施工单位，设计单位

5. 以一个建筑物或构筑物为对象而进行的各项施工准备，称作（　　）。

A. 全场性施工准备　　B. 单位工程施工准备

C. 分部工程作业条件准备　　D. 施工总准备

6. 施工准备工作的核心是（　　）。

A. 调查研究与收集资料　　B. 资源准备

C. 技术资料准备　　D. 施工现场准备

7. 技术资料准备的内容不包括（　　）。

A. 编制施工预算　　B. 熟悉和会审图纸

C. 编制标后施工组织设计　　D. 编制技术组织措施

二、判断题

1. 施工现场准备工作应全部由施工单位负责完成。(　　)

2. 资源准备就是指施工物资准备。(　　)

3. 调查研究与收集资料是施工准备工作的内容之一。(　　)

4. 施工准备工作不仅要在开工前集中进行，而且要贯穿在整个施工过程中。(　　)

三、简答题

1. 施工准备工作的意义是什么?

2. 施工企业的〝两算对比〞是什么？有何作用?

3. 古建筑施工中需准备哪些常用材料？

4. 雨期施工的特点及注意事项是什么?

3

Gujianzhu Liushui Shigong Yuanli

古建筑流水施工原理

学习目标：

1. 了解古建筑流水施工的基本概念。
2. 掌握古建筑流水施工基本参数的概念和计算方法。
3. 能够根据工程实践确定古建筑流水施工的组织方式。
4. 掌握有节奏流水施工和无节奏流水施工工期计算的步骤。

导读：

流水施工具有推动建筑工程施工专业化、各类资源利用效率化、建筑施工工期节约化、项目经济效益最大化的作用，备受各大建筑施工企业青睐，在古建筑施工领域也达成广泛共识。那么，流水施工的基本参数有哪些？组织流水施工需要满足哪些条件？如何快速计算流水施工的时间参数？根据工程实际情况，如何选择最科学合理的流水施工组织方式？怎么确定最终的施工工期？上述问题本章将会给出分析和解答。

本章知识体系思维导图：

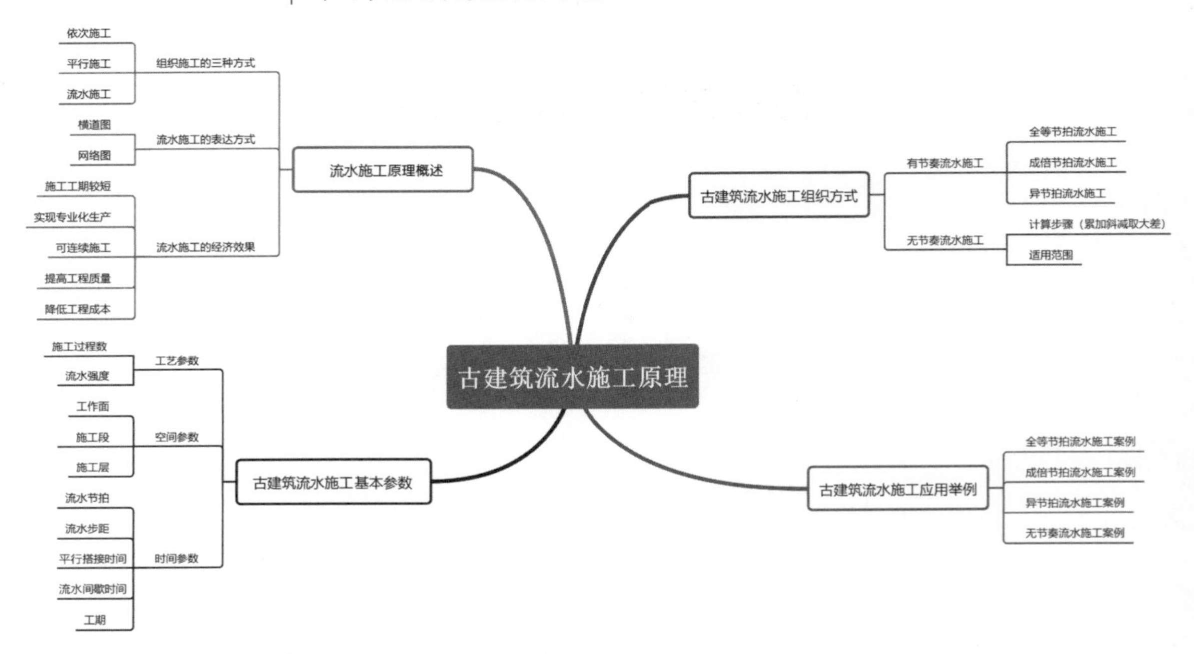

3.1 流水施工原理概述

工程施工中，通常可以采用依次施工（也称顺序施工法）、平行施工和流水施工等施工组织方式。流水施工是指，由固定组织的人员在若干个工作性质相同的施工环境中依次连续地工作的一种施工组织方法。对于相同的施工对象，当采用不同的作业组织方法时，其效果也各不相同。

“流水线”最早是由20世纪初美国工程师泰勒发明的，也称泰勒制。它可以使作业标准化、规范化，从而提高生产效率。而统筹管理是中国著名数学家华罗庚于1960年左右在中国推行的，统筹法通过重组、打乱、优化等手段，改变原本的固有办事格式，是优化办事效率的一种方法。后来“流水线”与“统筹法”也在建筑施工领域中得到应用，即在进行建筑工程的施工组织与管理时，合理考虑以下几点基本要求：连续性、协调性、均衡性、平行性和适应性。本章将主要叙述古建筑工程流水施工的基本概念、基本方法和具体应用。

3.1.1 组织施工的三种方式

（1）施工组织方式

任何一个建筑工程都是由许多施工过程组成的，古建筑施工项目也不例外，每一个施工过程都可以组织一个或多个施工班组来进行施工。如何组织各施工班组的先后顺序，是组织施工中的首要基本问题。通常，组织施工时有依次施工、平行施工和流水施工三种方式，现将这三种方式的特点和效果分析如下：

1）依次施工组织方式。依次施工是各施工段或各施工工程依次开工、依次完成的一种施工组织方式，即按次序一段段地或一个个施工过程进行施工。

优点：每天投入的劳动力较少，机具、设备使用不集中，材料供应较单一，施工现场管理简单，便于组织和安排。

缺点：班组施工及材料供应无法保持连续、均衡，工人有窝工的情况或不能充分利用工作面，工期长。

【例 3–1】某古建筑木构件仿制及安装工程有两组，其每组工艺流程有四个施工过程：仿制模具制作（2d）、模具组装（1d）、定位吊装（2d）、饰面（1d），若采用依次施工，其施工进度安排如图 3–1 和图 3–2 所示。

由此可见，采用依次施工不但工期拖得较长，而且在组织安排上也不尽合理，适用范围为工作面有限、规模小、工期要求不紧的工程。

2）平行施工组织方式。平行施工组织方式是指所有工程任务的各施工段同时开工、同时完工的一种施工组织方式。

优点：完全利用了工作面，大大缩短了工期。

缺点：施工的专业工作队数目大大增加，工作队的工作仍然有间歇，劳动力及物资的消耗相对集中。

在例 3–1 中，采用平行施工组织方式，其施工进度计划如图 3–3 所示。

由图 3–3 可以看出，平行施工组织方式的特点是充分利用了工作面，完成工程任务的时间最短；施工队组成倍增加，机具设备也相应增加，材料供应集中；临时设施、仓库和堆场面积也要增加，从而造成组织安排和施工管理困难，增加了管理费用。

平行施工一般适用于工期要求紧、大规模建筑群及分期组织施工的工程任务。该方法只有在各方面的资源供应有保障的前提下，才是合理的。

施工过程	班组人数	施工进度（d）											
		1	2	3	4	5	6	7	8	9	10	11	12
仿制模具制作	10	—	—					—	—				
模具组装	20			—						—			
定位吊装	30				—	—					—	—	
饰面	10						—						—

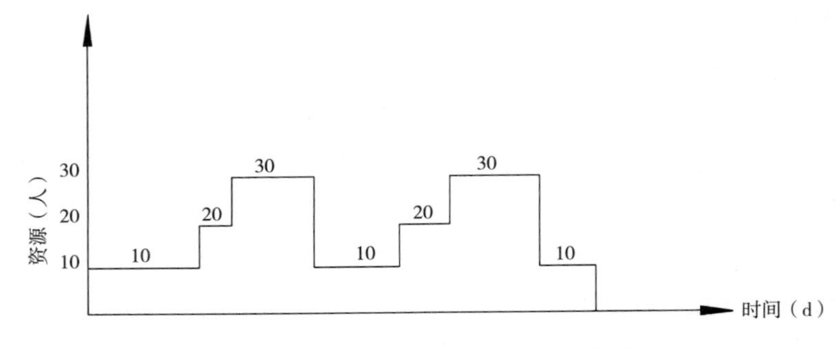

图 3-1　依次施工（按施工段依次）

施工过程	班组人数	施工进度（d）											
		1	2	3	4	5	6	7	8	9	10	11	12
仿制模具制作	10	—	—	—	—								
模具组装	20					—	—						
定位吊装	30							—	—	—	—		
饰面	10											—	—

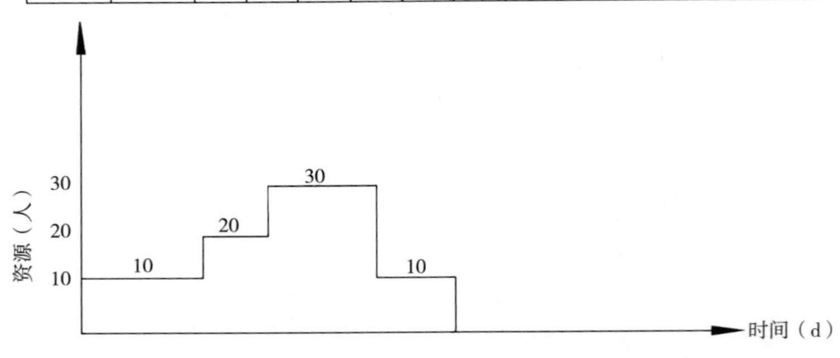

图 3-2　依次施工（按施工过程依次）

3）流水施工组织方式。流水施工组织方式是指所有的施工过程按一定的时间间隔依次投入施工，各个施工过程陆续开工、陆续竣工，使同一施工过程的施工班组保持连续、均衡，不同施工过程尽可能平行搭接施工的组织方式。

施工过程	班组人数	施工进度（d）											
		1	2	3	4	5	6	7	8	9	10	11	12
仿制模具制作	10												
模具组装	20												
定位吊装	30												
饰面	10												

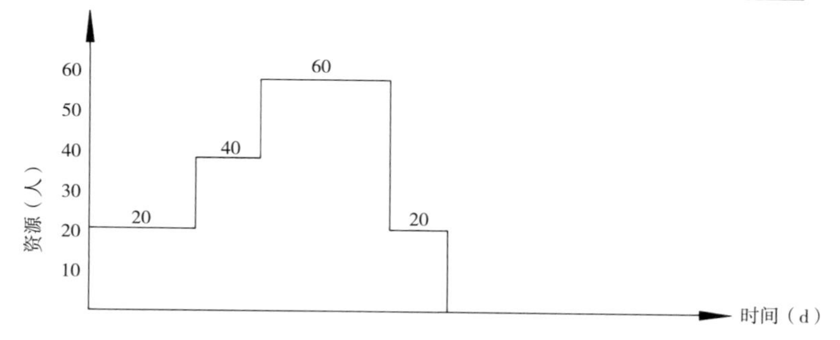

图3-3　平行施工

在例3-1中，若采用流水施工组织方式，其施工进度计划如图3-4所示。

由图3-4可以看出，流水施工保证了各个工作队的工作和物资的消耗具有连续性和均衡性，能消除依次施工和平行施工方法的缺点，同时保留了它们的优点。其优点如下：

①充分、合理地利用工作面，减少或避免“窝工”现象，缩短工期。

②资源消耗均衡，从而降低了工程费用。

③能保持各施工过程的连续性、均衡性，从而提高了施工管理水平和技术经济效益。

④能使各施工班组在一定时期内保持连续、均衡、合理的施工，从而有利于提高劳动生产率。

（2）组织流水施工的条件

流水施工的实质是分工协作与成批施工。由于古建筑产品体形较大，组织流水施工需要满足以下几点条件：

1）划分分部分项工程。首先，将古建筑根据工程特点及施工要求，划分为若干个分部工程，每个分部工程又根据施工工艺要求、工程量大小、施工队组的组成情况，划分为若干个施工过程。

2）划分施工段。根据组织流水施工的需求，将所建工程在平面或空间上，划分为工程量大致相等的若干个施工区段。

3）每个施工过程组织独立的施工班组。在一个流水施工中，每个施

施工过程	班组人数	施工进度（d）											
		1	2	3	4	5	6	7	8	9	10	11	12
仿制模具制作	10												
模具组装	20												
定位吊装	30												
饰面	10												

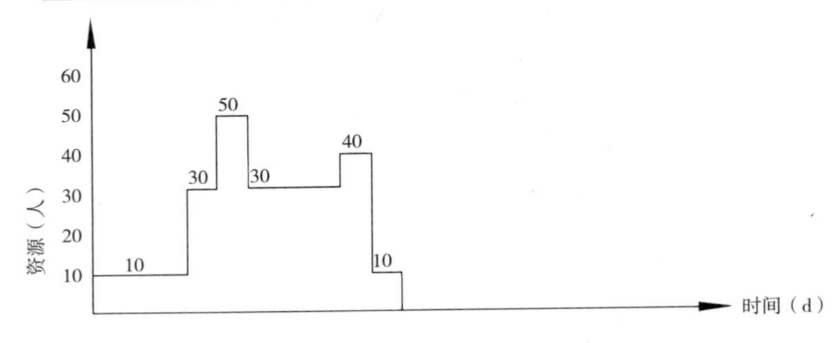

图3-4 流水施工

工过程尽可能组织独立的施工班组。其形式可以是专业队，也可以是混合班组，这样可以使每个施工队组按照施工顺序依次、连续、均衡地从一个施工段转移到另一个施工段进行相同的施工操作。

4）主要施工过程的施工班组必须连续、均衡施工。对工程量较大、施工时间较长的施工过程，必须组织连续、均衡的施工；对其他次要施工过程，可考虑与相邻的施工过程合并或在有利于缩短工期的前提下，安排其间断施工。

5）不同施工过程尽可能组织平行搭接施工。按照施工先后顺序要求，在有工作面的条件下，除必要的技术和组织间歇时间外，尽可能组织平行搭接施工。

二维码　流水施工与依次施工、平行施工的区别

3.1.2　流水施工的表达方式及特点

（1）流水施工的表达方式

1）横道图。亦称甘特图或水平图，它的优点是简单、直观、清晰明了（图3-5）。

2）网络图。网络图的优点在于逻辑关系表达清晰，能够反映出计划任务的主要矛盾和关键所在，并可利用计算机进行全面的管理（图3-6）。

（2）流水施工的特点

1）科学地利用了工作面，争取了时间，总工期趋于合理；

施工过程	进度										
	1	2	3	4	5	6	7	8	9	10	11
A	━	━									
B			━	━	━	━	━				
C			━	━							
D								━	━	━	━
E								━	━		

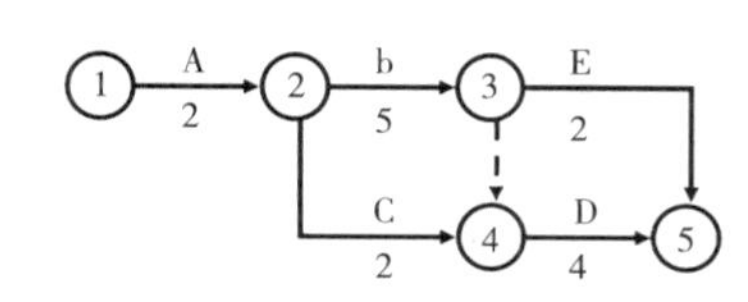

图 3-5 横道图（左）
图 3-6 网络图（右）

2）工作队及其工人实现了专业化生产，有利于改进操作技术，可以保证工程质量和提高劳动生产率；

3）工作队及其工人能够连续作业，相邻两个专业工作队之间，可实现合理搭接；

4）每天投入的资源量较为均衡，有利于资源供应的组织工作；

5）为现场文明施工和科学管理创造了有利条件。

3.1.3 流水施工的经济效果

合理组织流水施工，具有较好的经济效果。主要表现为以下几个方面：

（1）施工工期较短

可以尽早发挥投资效益。由于流水施工的节奏性、连续性，可以加快各专业队的施工进度，减少时间间隔。特别是相邻专业队在开工时间上可以最大限度地进行搭接，充分地利用工作面，做到尽可能早地开始工作，从而达到缩短工期的目的，使工程尽快交付使用或投产，尽早获得经济效益和社会效益。

（2）实现专业化生产

可以提高施工技术水平和劳动生产率。由于流水施工方式建立了合理的劳动组织，使各工作队实现了专业化生产，工人连续作业，操作熟练，便于不断改进操作方法和施工机具，可以不断地提高施工技术水平和劳动生产率。

（3）可连续施工

可以充分发挥施工机械和劳动力的生产效率。由于流水施工组织合理，工人连续作业，没有窝工现象，机械闲置时间少，增加了有效劳动时间，从而使施工机械和劳动力的生产效率得以充分发挥。

（4）提高工程质量

可以增加建设工程的使用寿命和节约使用过程中的维修费用。由于流水施工实现了专业化生产，而且各专业队之间紧密地搭接作业，互相监督，可以使工程质量得到提高，因而可以延长建设工程的使用寿命，同时可以减少建设工程使用过程中的维修费用。

（5）降低工程成本

可以提高承包单位的经济效益。由于流水施工资源消耗均衡，便于组织资源供应，使得资源储存合理、利用充分，可以减少各种不必要的损失，节约材料费；由于流水施工生产效率高，可以节约人工费和机械使用费；由于流水施工降低了施工高峰人数，使材料、设备得到合理供应，可以减少临时设施工程费；由于流水施工工期较短，可以减少企业管理费。工程成本的降低，可以促进提高承包单位的经济效益。

上述经济效果都是在不需要增加任何费用的前提下取得的，可见，流水施工是实现施工管理科学化的重要组成内容，是与建筑设计标准化、构配件生产工厂化、施工机械化等现代施工内容紧密联系、相互促成的，是实现施工企业进步的重要手段。

3.2 古建筑流水施工基本参数

流水施工参数是在组织工程项目流水施工时，用以表达流水施工在工艺流程、空间布置和时间安排等方面如何具体开展的参数。按其性质不同，主要包括工艺参数、空间参数和时间参数三类。

3.2.1 工艺参数

（1）施工过程数

古建筑的施工由许多施工过程组成。通常根据具体情况，把一个工程项目划分为若干道具有独自施工工艺特点的个别施工过程，叫作施工过程数（工序），施工过程数一般用字母“n”表示。

施工过程划分的数目多少和粗细程度，一般与下列因素有关（划分施工过程的影响因素）：

1）施工进度计划的作用不同，施工过程数目也不同；

2）施工方案不同，施工过程数目也不同；

3）劳动量大小不同，施工过程数目也不同。

需要注意，一个工程需要确定多少施工过程数目目前没有统一规定，一般以能表达一个工程的完整施工过程，又能做到简单明了进行安排为原则。

（2）流水强度

流水强度是指某施工过程在单位时间内所完成的工程量，用“V”表示。

1）机械施工过程的流水强度，其计算公式为：

$$V=\sum R_iS_i \tag{3-1}$$

式中　R_i——i 施工过程的某种施工机械台数；

S_i——i 施工过程的某种施工机械产量定额。

2）人工操作施工过程的流水强度，其计算公式为：

$$V=R_iS_i \tag{3-2}$$

式中　R_i——i 施工过程的施工班组人数；

S_i——i 施工过程的施工班组平均产量定额。

3.2.2　空间参数

空间参数主要有工作面、施工段和施工层。

（1）工作面

某专业工种的工人在从事建筑产品施工过程中，所必须具备的活动空间，称为工作面。

（2）施工段

在组织流水施工时，通常把拟建工程项目在平面上划分为劳动量相等或大致相等的若干个施工区段，这些施工区段称为“施工段”。一般用“m”表示。

施工段的作用是为了组织流水施工，保证不同的施工班组在不同的施工段上同时进行施工，并使各个施工班组能按一定的时间间隔转移到另一个施工段进行连续施工，既消除等待、停歇现象，又互不干扰。

划分施工段的一般部位：

1）设置有伸缩缝、沉降缝的建筑工程，可按此缝为界划分施工段。

2）单元式的住宅工程，可按单元为界分段。

3）道路、管线等可按一定长度划分施工段。

4）多幢同类型建筑，可以以一幢房屋为一个施工段。

5）装饰工程一般以单元或楼层划分。

划分施工段的原则：

1）各施工段上所消耗的劳动量相等或大致相等，以保证各施工班组施工的连续性和均衡性。

2）施工段的数目及分界要合理。

3）施工段的划分界限要以保证施工质量且不违反操作规程为前提。

4）当组织楼层结构流水施工时，每一层的施工段数必须大于或等于其施工过程数。即

$$m \geqslant n$$

施工段数与施工过程数的关系，下面以例 3-2 来说明。

【例 3-2】某木结构古建筑修复工程，其施工过程包括：木基层表面

处理→下竹钉→表面刷浆处理，若各工作队在各施工段上的工作时间均为1个月，则施工段与施工过程之间的关系可能有下述三种情况。

1）当 $m < n$ 时，根据题意画出流水施工图，如图 3-7 所示。

在这种情况下，施工段数少于施工过程数，各个施工班组因为没有施工工作面出现停工现象，工作面得到了充分利用，但存在窝工。

2）当 $m>n$ 时，根据题意画出流水施工图，如图 3-8 所示。

在这种情况下，施工段数多于施工过程数，施工班组都有工作面，工

施工层	施工过程	施工进度						
		1	2	3	4	5	6	7
第一层	木基层表面处理							
	下竹钉							
	表面刷浆处理							
第二层	木基层表面处理							
	下竹钉							
	表面刷浆处理							

图 3-7　流水施工图 1

施工层	施工过程	施工进度									
		1	2	3	4	5	6	7	8	9	10
第一层	木基层表面处理										
	下竹钉										
	表面刷浆处理										
第二层	木基层表面处理										
	下竹钉										
	表面刷浆处理										

图 3-8　流水施工图 2

作面有剩余，工作队没有窝工，施工是连续的，但由于施工段数多，工作面小，相对容纳工人数少，影响施工进度。

3）当 $m=n$ 时，可根据题意画出施工指示图表。

在这种情况下，工人既能连续施工，施工段也不出现空闲，是最理想的工作状态。

（3）施工层

为满足竖向流水施工的需要，在建筑物垂直方向上划分的施工区段，称为施工层，一般用“r”表示。

3.2.3 时间参数

流水施工的时间参数一般有流水节拍、流水步距、平行搭接时间、流水间歇时间、工期等。

（1）流水节拍

流水节拍是指一个施工过程在一个施工段上的作业时间。用符号“t_i”表示。其有以下几种计算方法。

1）定额计算法

$$t_i=\frac{Q_i}{S_iR_iN_i}=\frac{P_i}{R_iN_i} \tag{3-3}$$

$$t_i=\frac{Q_iH_i}{R_iN_i}=\frac{P_i}{R_iN_i} \tag{3-4}$$

式中 t_i——某施工过程在 i 施工段上的流水节拍；

Q_i——某施工过程在 i 施工段上要完成的工程量；

S_i——某施工班组的计划产量定额；

N_i——某专业工作队的工作班次；

H_i——某施工班组的计划时间定额；

P_i——某施工班组在 i 施工段上的劳动量或机械台班量；

R_i——某施工班组的工作人数或机械台数。

2）工期计算法（又称倒排进度法）

具体步骤如下：

根据工期倒排进度，确定某施工过程的工作延续时间。

确定某施工过程在某施工段上的流水节拍。若同一施工过程的流水节拍不等，则用估算法；若流水节拍相等，则用下式计算：

$$t=T/m \tag{3-5}$$

式中 t——某施工过程在某施工段上的流水节拍；

T——总工期；

m——施工段数。

3）经验估算法

$$t=(a+4c+b)/6 \tag{3-6}$$

式中 t——某施工过程在某施工段上的流水节拍；

a——某施工过程在某施工段上的最短估算时间；

b——某施工过程在某施工段上的最长估算时间；

c——某施工过程在某施工段上的最可能估算时间。

（2）流水步距

两个相邻的施工过程先后进入同一施工段开始施工的时间间隔，称为“流水步距”，用“$B_{i,\ i+1}$”表示，即第 i+1 个施工过程必须在第 i 个施工过程开始工作后的 B 天后，再开始与第 i 个施工过程平行搭接。

流水步距一般要通过计算才能确定。

流水步距的大小或平行搭接的多少，对工期影响很大。在施工段不变的情况下，流水步距越小，即平行搭接多，则工期短；反之，则工期长。

流水步距的个数取决于参加流水的施工过程数，如果有 n 个施工过程，则流水步距的总数为 n−1 个。

1）确定流水步距的原则

①始终保持两个相邻施工过程的先后工艺顺序。

②保证各专业工作队都能连续作业。

③保证相邻两个专业队在开工时间上最大限度地、合理地搭接。

④保证工程质量，满足安全生产。

2）确定流水步距的方法

①公式计算法

$$B_{i,\ i+1}=\begin{cases} t_i+t_j-t_d & (t_i \leqslant t_{i+1}) \\ mt_i-(m-1)\,t_{i+1}+t_j-t_d & (t_i > t_{i+1}) \end{cases} \tag{3-7}$$

式中 $B_{i,\ i+1}$——流水步距；

t_i——第 i 个施工过程的流水节拍；

t_{i+1}——第 i+1 个施工过程的流水节拍；

m——施工段数；

t_d——平行搭接时间；

t_j——流水间歇时间。

②累加数列法

将每个施工过程的流水节拍逐段累加，错位相减，即从前一个施工班组由加入流水起到完成该段工作止的持续时间和减去后一个施工班组由加入流水起到完成前一个施工段工作止的持续时间和（即相邻斜减），得到一组差数。取上一步斜减差数中最大值作为流水步距。

（3）平行搭接时间（t_d）

在组织流水施工时，有时为了缩短工期，在工作面允许的条件下，前一个专业工作队完成部分施工任务后，提前为后一个专业工作队提供工作面，使后者提前进入一个施工段，两者在同一个施工段上平行搭接施工，此期间的时间称为“平行搭接时间”。

（4）流水间歇时间（t_j）

流水间歇时间是指在组织流水施工中，由于施工过程之间的工艺或组织上的需要，必须留出的时间间隔。它包括技术间歇时间和组织间歇时间。

技术间歇时间，即由于工艺原因引起的等待时间，如砂浆抹面或油漆的干燥时间等。

组织间歇时间，即由于组织技术的因素而引起的等待时间，砌筑墙体之前的弹线、施工人员、机械转移等。

（5）工期

工期是指完成一项工程任务或一个流水组施工所需的时间。其计算公式为：

$$T=\sum B_{i,\ i+1}+T_n \tag{3-8}$$

式中 $B_{i,\ i+1}$——流水步距；

T_n——最后一个施工过程的施工持续时间。

3.3 古建筑流水施工组织方式

在流水施工中，根据流水节拍的特征将流水施工分为有节奏流水施工（全等节拍流水施工、成倍节拍流水施工、异节拍流水施工）和无节奏流水施工两类（图 3–9）。

图 3–9 流水施工组织方式分类图

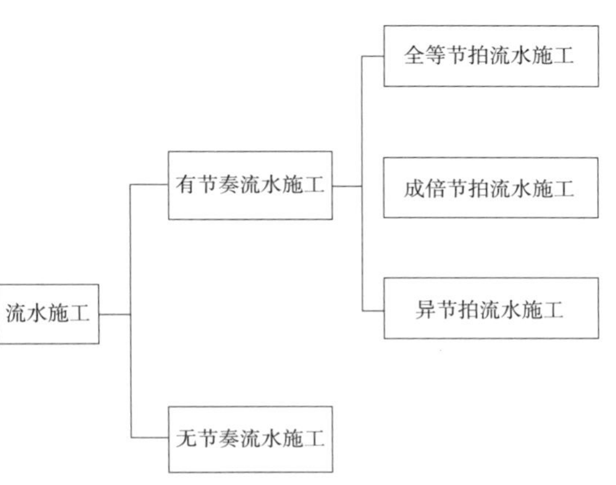

3.3.1 有节奏流水施工

有节奏流水施工是指同一施工过程在各个施工段上的流水节拍都相等的一种流水施工方式。

（1）全等节拍流水施工

是指在所组织的流水施工范围内，所有施工过程的流水节拍均为相等的常数的一种流水施工方法。

特点：各施工过程的流水节拍都相等；其流水步距均相同且等于一个流水节拍；每个专业工作队

都能连续施工，施工段没有空闲；专业工作队队数等于施工过程数。

其中：

$$B = t_i$$

$$T = (m+n-1)\ B \text{ 或 } T = (m+n-1)t_i \tag{3-9}$$

式中 T——总工期；

m——施工段数；

n——施工过程数；

B——全等节拍流水步距；

t_i——全等节拍流水节拍。

【例 3-3】某古建筑分部工程划分为 A、B、C、D 四个施工过程，每个施工过程分三个施工段，其流水节拍均为 3d，试组织全等节拍流水施工。

【解】1）计算流水步距：

$$B_{A,B} = B_{B,C} = B_{C,D} = 3d$$

2）计算工期：

$$T = (m+n-1)t = (3+4-1) \times 3 = 18d$$

3）绘制全等节拍流水施工指示图，如图 3-10 所示。

二维码 考虑搭接、间歇的成倍节拍流水施工工期的计算

（2）成倍节拍流水施工

是指在组织流水施工时，如果各施工过程在每个施工段上的流水节拍均为其中最小流水节拍的整数倍，为了加快流水施工的速度，可按倍数关

施工过程	施工进度（d）																	
	1	2	3	4	5	6	7	8	9	10	11	12	13	14	15	16	17	18
A		1			2			3										
B					1			2			3							
C								1			2			3				
D											1			2			3	

图 3-10 全等节拍流水施工进度计划

系确定相应的专业施工队数目，即构成了成倍节拍流水施工。

特点：不仅所有专业施工队都能连续施工，而且实现了最大限度的合理搭接，从而大大缩短了施工工期。

例如，某分部工程有A、B、C、D四个施工过程，其中，t_A=2d、t_B=4d、t_C=6d、t_D=2d，所有施工过程流水节拍均为2的倍数，就是一组成倍节拍专业流水。

1）成倍节拍专业流水的特点

①同一施工过程在各个施工段上的流水节拍彼此相等，不同的施工过程在同一施工段上的流水节拍不一定相等，但互为倍数关系。

②流水步距彼此相等，且等于各流水节拍的最大公约数（即最小的流水节拍）。

③各专业工作队都能够保证连续施工，施工段没有空闲。

④专业工作队总数大于施工过程数，即 $n_i>n$。

2）成倍节拍专业流水主要参数的确定

①流水步距 $B_{i,\ i+1}$。流水步距均相等，且等于各流水节拍中最小的流水节拍，即

$$B_{i,\ i+1}=t_{min} \tag{3-10}$$

②施工段数 m。在确定施工段数以前，必须先确定各施工过程所需的工作队数 b_i：

$$b_i=t_i/t_{min} \tag{3-11}$$

式中 b_i——施工过程 i 所需要组织的施工队数；

t_i——施工过程 i 的流水节拍；

t_{min}——各流水节拍中最小的流水节拍。

专业工作队总数 n_i 的计算公式：

$$n_i=\sum b_i \tag{3-12}$$

③总工期 T。

$$T=(m+n_i-1)\ B_{i,\ i+1} \tag{3-13}$$

【例3-4】某分部工程有A、B、C、D四个施工过程，m=4，流水节拍 t_A=2d、t_B=6d、t_C=4d、t_D=2d，试组织成倍节拍流水施工。

【解】1）确定流水步距：

$$B_{i,\ i+t_1}=t_{min}=2d$$

2）计算同一专业工作队数：

$b_A=t_A/t_{min}=2/2=1$ 个　　　　$b_B=t_B/t_{min}=6/2=3$ 个

施工过程	工作队	施工进度（d）									
		2	4	6	8	10	12	14	16	18	20
A	1A	1	2	3	4						
B	1B			1			4				
	2B				2						
	3B					3					
C	1C					1		3			
	2C						2		4		
D	1D							1	2	3	4

图 3-11　成倍节拍流水施工进度计划

$b_C=t_C/t_{min}=4/2=2$ 个　　　　$b_D=t_D/t_{min}=2/2=1$ 个

施工班组总数 $n_i=\sum b_i=1+3+2+1=7$ 个

3）计算流水施工工期：

$$T=（m+n_i-1）B_{i,\ i+1}=（4+7-1）\times 2=20d$$

4）绘制成倍节拍流水施工指示图，如图 3-11 所示。

（3）异节拍流水施工

是指各施工过程的流水节拍相等，但各流水步距不相等的流水施工方式。

特点：同一施工过程各施工段上的流水节拍相等，不同施工过程同一施工段上的流水节拍不一定相等；各个施工过程之间的流水步距不一定相等。

主要参数见公式 3-7、公式 3-8。

二维码　未知流水节拍的异节拍流水施工横道图的绘制

【例 3-5】某古建筑工程划分为 A、B、C、D 四个施工过程，分三个施工段组织流水施工，各施工过程的流水节拍分别为 $t_A=2d$、$t_B=3d$、$t_C=5d$、$t_D=2d$，施工过程 B 完成后需 1d 的技术间歇。试组织流水施工。

【解】1）计算流水步距：

因 $t_A<t_B$，$t_j=0$，$t_d=0$

故 $B_{AB}=t_A+t_j-t_d=2+0-0=2d$

$B_{BC}=t_B+t_j-t_d=3+1-0=4d$

因 $t_C>t_D$，$t_j=0$，$t_d=0$

故 $B_{CD}=mt_C-(m-1)t_D+t_j-t_d=3\times 5-(3-1)\times 2+0-0=11d$

2）计算流水工期：

$$T=\sum B_{i,\ i+1}+T_n=(2+4+11)+3\times 2=23d$$

施工过程	施工进度（d）																						
	1	2	3	4	5	6	7	8	9	10	11	12	13	14	15	16	17	18	19	20	21	22	23
A	1		2		3																		
B				1			2			3													
C									1					2					3				
D																		1		2		3	

图 3-12 异节拍流水施工进度计划

3）绘制异节拍流水施工指示图，如图 3-12 所示。

3.3.2 无节奏流水施工

无节奏流水施工是指同一施工过程在各个施工段上的流水节拍不完全相等的一种流水施工方式。当各施工段的工程量不等，各施工班组生产效率各有差异，并且不可能组织全等节拍或成倍节拍流水施工时，则可组织无节奏流水施工。

（1）无节奏流水施工的特点

同一施工过程流水节拍不完全相等，不同施工过程流水节拍也不完全相等；各个施工过程之间的流水步距不完全相等且差异较大。

（2）无节奏流水施工的实质

无节奏流水施工的实质在于保持各专业施工班组连续流水作业，工作班组之间在一个施工段内互不干扰，前后工作班组之间工作紧紧衔接。因此，组织无节奏流水施工作业的关键在于计算各施工过程之间的流水步距。

（3）无节奏流水施工主要参数的确定

1）计算流水步距。按照“累加斜减取大差”（简称取大差法）的方法计算，即：

第一步：将每个施工过程的流水节拍依次累加；

第二步：错位相减，即从前一个施工班组由加入流水起到完成该段工作止的持续时间和减去后一个施工班组由加入流水起到完成前一个施工段工作止的持续时间和（即相邻斜减），得到一组差数；

第三步：取上一步斜减差数中最大值作为流水步距。

二维码 无节奏流水施工工期的计算

2）计算工期（见公式 3–8）。

工期等于不同施工过程之间流水步距的求和加最后一个施工过程的持续时间。

（4）无节奏流水施工的适用范围

无节奏流水施工适用于各种不同结构性质和规模的工程施工组织。由于它不像有节奏流水施工那样有一定的时间规律约束，在进度安排上比较灵活、自由，适用于分部工程和单位工程即大型建筑群的流水施工，是流水施工中应用最多的一种方式。例如，某仿古建筑施工不同施工过程的流水节拍（表 3–1），就是典型的无节奏流水施工。

某仿古建筑各施工过程流水节拍 **表 3–1**

施工段 施工过程	1	2	3	4
A	3	2	1	4
B	2	3	2	3
C	1	3	2	3
D	2	4	3	1

3.4 古建筑流水施工应用举例

3.4.1 全等节拍流水施工案例

【例 3–6】某古建筑分部工程由四个分项工程组成，划分成五个施工段，流水节拍均为 3d，无技术组织间歇，试确定流水步距，计算工期，并绘制流水施工进度图。

【解】由已知条件知，宜组织全等节拍流水。

1）确定流水步距：由全等节拍专业流水的特点知：$B=t=3d$

2）计算工期：$T=(m+n-1)\times B=(5+4-1)\times 3=24d$

3）绘制流水施工进度图，如图 3–13 所示。

【例 3–7】某二层古建筑墙体加固工程，有原墙面粉刷层凿除、找平胶施工和碳纤维布施工三个施工过程，即 $n=3$。在竖向上划分为两个施工层，即结构层与施工层相一致。如流水节拍都是 3d（可通过调整劳动力人数来实现），试分别按以下三种情况组织全等节拍流水：

1）施工段数 $m=4$；

2）施工段数 $m=3$；

3）施工段数 $m=2$。

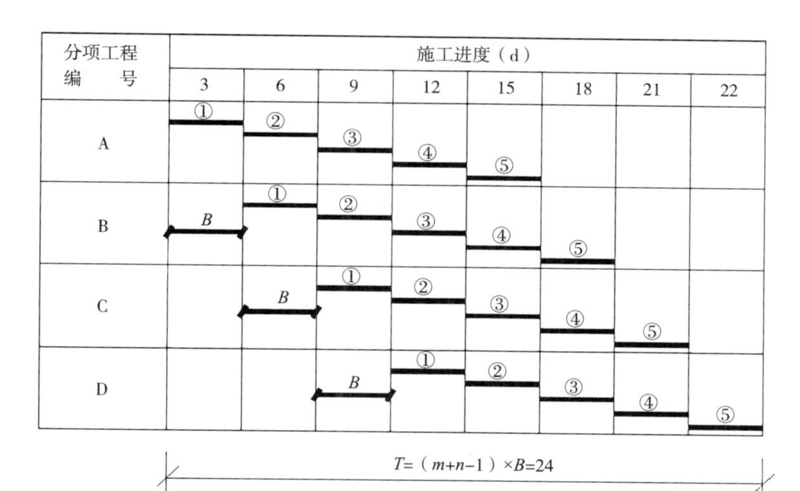

图 3-13　全等节拍专业流水施工进度

施工层	施工过程名称	3	6	9	12	15	18	21	24	27	30
一层	原墙面粉刷层凿除	①	②	③	④						
	找平胶施工		①	②	③	④					
	碳纤维布施工			①	②	③	④				
二层	原墙面粉刷层凿除					①	②	③	④		
	找平胶施工						①	②	③	④	
	碳纤维布施工							①	②	③	④

（a）

施工层	施工过程名称	3	6	9	12	15	18	21	24
一层	原墙面粉刷层凿除	①	②	③					
	找平胶施工		①	②	③				
	碳纤维布施工			①	②	③			
二层	原墙面粉刷层凿除				①	②	③		
	找平胶施工					①	②	③	
	碳纤维布施工						①	②	③

（b）

图 3-14　全等节拍流水施工开展状况

施工层	施工过程名称	施工进度（d）						
		3	6	9	12	15	18	21
一层	原墙面粉刷层凿除	①	②					
	找平胶施工		①	②				
	碳纤维布施工			①	②			
二层	原墙面粉刷层凿除				①	②		
	找平胶施工					①	②	
	碳纤维布施工						①	②

（c）

图 3-14　全等节拍流水施工开展状况（续）

【解】按全等节拍流水施工组织方法，当施工段数依次为 4、3、2 时，则流水施工的开展状况如图 3-14 所示。

图 3-14（a）所示为 $m>n$ 时，流水施工开展的状况；

图 3-14（b）所示为 $m=n$ 时，流水施工开展的状况；

图 3-14（c）所示为 $m<n$ 时，流水施工开展的状况。

1）当 $m>n$ 时，各施工段上不能连续有工作队在工作，但各工作队能连续工作，不会产生窝工现象。

2）当 $m=n$ 时，各工作队都能连续工作，且各施工段上都能连续有工作队在工作。

3）当 $m<n$ 时，各工作队不能连续工作，产生窝工现象，但各施工段上能连续地有工作队在工作。

3.4.2　成倍节拍流水施工案例

【例 3-8】某项目由Ⅰ、Ⅱ、Ⅲ三个施工过程组成，流水节拍分别为 2d、6d、4d，试组织成倍节拍流水施工，并绘制流水施工的进度图。

【解】1）确定流水步距：B = 最大公约数 {2，6，4}=2d

2）求专业工作队数：

$$b_1=t_1/B=2/2=1$$

$$b_2=t_2/B=6/2=3$$

$$b_3=t_3/B=4/2=2$$

$$n_i=\sum b_i=1+3+2=6$$

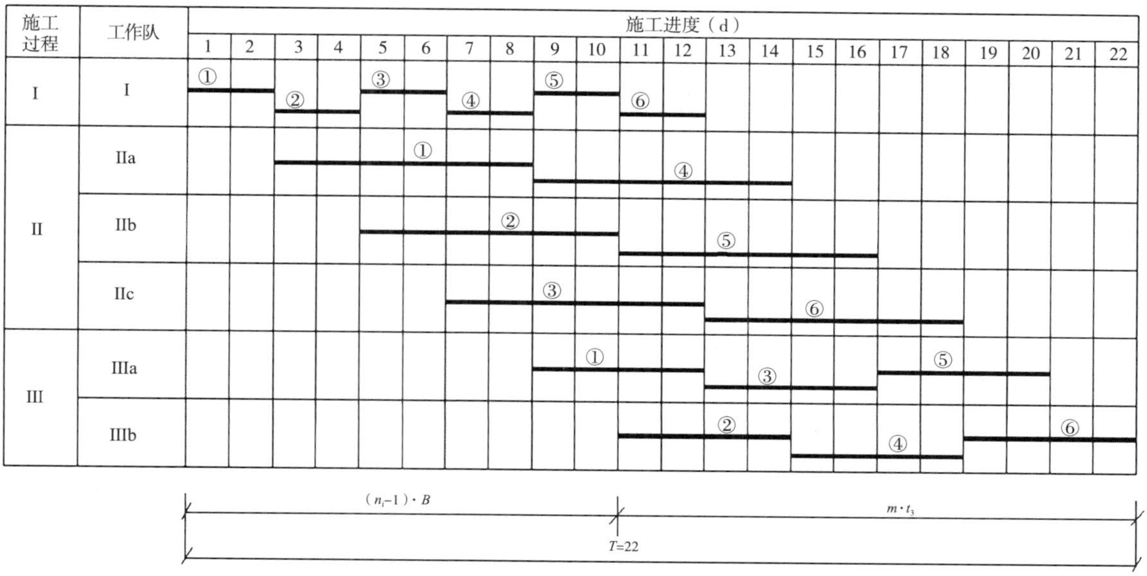

施工过程	工作队	施工进度（d）																					
		1	2	3	4	5	6	7	8	9	10	11	12	13	14	15	16	17	18	19	20	21	22
I	I	①		②		③		④		⑤		⑥											
II	IIa						①						④										
	IIb								②					⑤									
	IIc									③						⑥							
III	IIIa										①				③				⑤				
	IIIb													②				④				⑥	

$(n_i-1)\cdot B$　　$m\cdot t_3$

$T=22$

图 3-15　成倍节拍流水施工进度计划

3）求施工段数：为了使各专业工作队都能连续有节奏工作，取 $m=n_i=6$ 段。

4）计算工期：$T=(6+6-1)\times2=22\text{d}$

5）绘制流水施工进度计划，如图 3-15 所示。

【例 3-9】某二层古建筑油漆彩绘工程，有填孔补缝、砂磨上漆、贴金彩绘三道工序，流水节拍分别为 4d、2d、2d。填孔补缝和砂磨上漆可搭接 1d，层间技术间歇为 1d。试组织成倍节拍流水施工。

【解】1）确定流水步距：$B=$ 各流水节拍的最大公约数 $=2\text{d}$

2）求工作队数：

$$b_1=t_1/B=4/2=2$$

$$b_2=t_2/B=2/2=1$$

$$b_3=t_3/B=2/2=1$$

$$n_i=\sum b_i=2+1+1=4$$

3）求施工段数：

$$m=n=4$$

4）求总工期：

$$T=(2\times4+4-1)\times2-1\times2+1=21\text{d}$$

5）绘制流水施工进度计划，如图 3-16 所示。

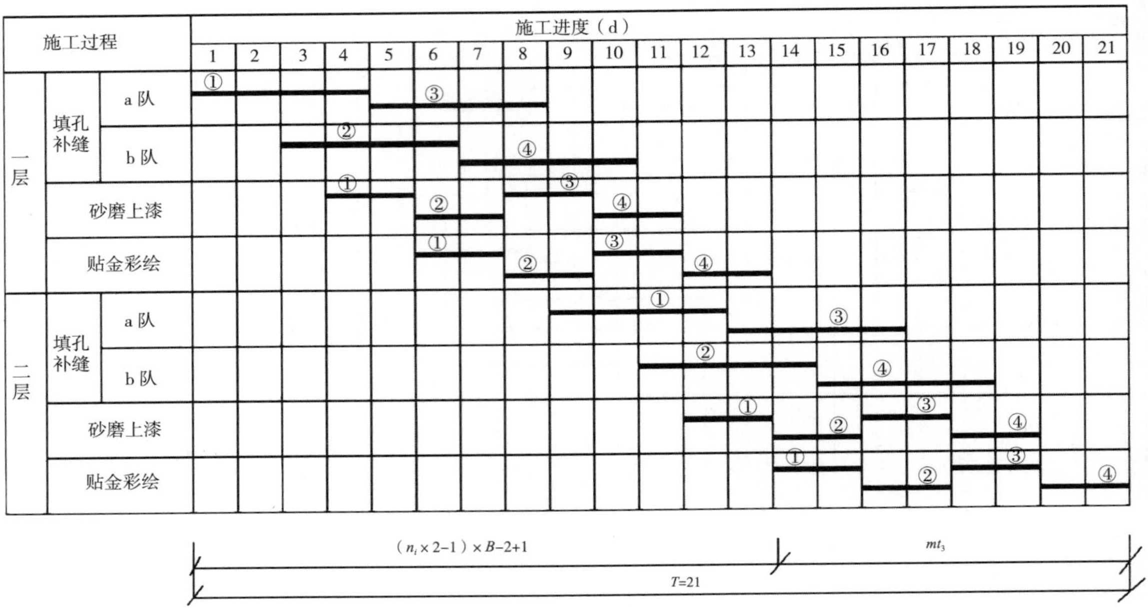

施工过程			施工进度（d）																				
			1	2	3	4	5	6	7	8	9	10	11	12	13	14	15	16	17	18	19	20	21
一层	填孔补缝	a队	①					③															
		b队				②				④													
	砂磨上漆					①		②			③	④											
	贴金彩绘							①		②		③		④									
二层	填孔补缝	a队											①				③						
		b队												②				④					
	砂磨上漆														①		②		③		④		
	贴金彩绘															①			②		③		④

$(n_i\times 2-1)\times B-2+1$　　mt_3

$T=21$

图 3-16　古建筑油漆彩绘工程成倍节拍流水施工进度计划

3.4.3　异节拍流水施工案例

【例 3-10】 已知某古建筑施工项目可以划分为 A、B、C、D 四个施工过程，三个施工段，组织异节拍流水施工。现已知 t_A=3d，B_{AB}=3d，B_{BC}=6d，B_{CD}=8d。其中 B、C 过程之间有 2d 技术间歇，而 C、D 过程之间有 1d 搭接时间，总工期为 26d，绘制进度计划。

【解】 本题在已知施工过程数、施工段数以及总工期的情况下，解题的主要难点在依次确定施工过程 B、C、D 的流水节拍，我们可以按以下思路来思考：

1）根据 $T=\sum B_{i,\ i+1}+T_n=B_{AB}+B_{BC}+B_{CD}+3t_D$=26d

则 t_D=3d

2）根据 B_{CD}=8d，$3t_D$=9d，T=26d，以及 C、D 过程之间有 1d 搭接时间，可知 C 工作的开始时间为 26−9−8+1=10d（第 10d 初），结束时间为 26−3+1=24d（第 24d 末），则 t_C=（24−10+1）/3=5d

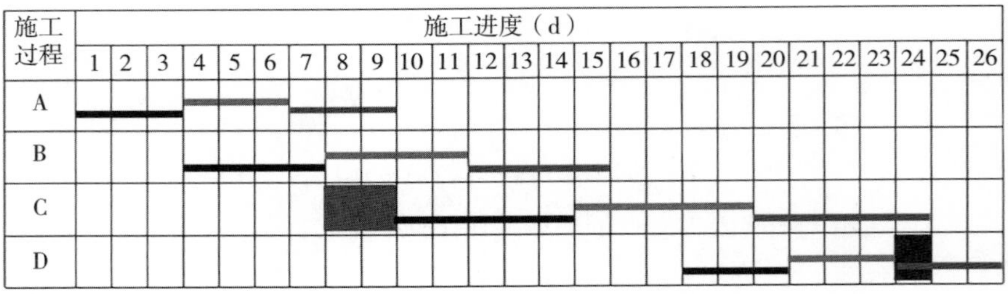

施工过程	施工进度（d）																								
	1	2	3	4	5	6	7	8	9	10	11	12	13	14	15	16	17	18	19	20	21	22	23	24	25	26
A																										
B																										
C																										
D																										

图 3-17　异节拍流水施工进度计划

3）同理可得，t_B=4d

4）绘制流水施工进度计划，如图3–17所示。红色区域为B、C过程之间的2d技术间歇，蓝色区域为C、D过程之间的1d搭接时间。

3.4.4 无节奏流水施工案例

【例3–11】某古建筑分部工程包含A、B、C、D 四个施工过程，共有四个施工段，流水节拍见表3–2，试计算流水步距和工期，并做施工进度计划表。

各施工过程流水节拍 **表3–2**

施工段 / 流水节拍 / 施工过程	①	②	③	④
A	3	2	1	4
B	2	3	2	3
C	1	3	2	3
D	2	4	3	2

【解】1）累加数列

A：..3..5..6..10

B：..2..5..7..10

C：..1..4..6..9

D：..2..6..9..11

2）计算流水步距（错位相减取大差）

①求 B_{AB}

$$\begin{array}{lccccc} & 3 & 5 & 6 & 10 & \\ -) & & 2 & 5 & 7 & 10 \\ B_{AB}=\max\{ & 3 & 3 & 1 & 3 & -10 \}=3d \end{array}$$

②求 B_{BC}

$$\begin{array}{lccccc} & 2 & 5 & 7 & 10 & \\ -) & & 1 & 4 & 6 & 9 \\ B_{BC}=\max\{ & 2 & 4 & 3 & 4 & -9 \}=4d \end{array}$$

③求 B_{CD}

$$\begin{array}{lccccc} & 1 & 4 & 6 & 9 & \\ -) & & 2 & 6 & 9 & 11 \\ B_{CD}=\max\{ & 1 & 2 & 0 & 0 & -11 \}=2d \end{array}$$

3）计算工期 T

$$T=\sum B_{i,\ i+1}+T_D$$

$$=(B_{AB}+B_{BC}+B_{CD})+T_D$$
$$=(3+4+2)+(2+4+3+2)$$
$$=9+11=20d$$

4）绘制流水施工进度计划，如图 3-18 所示。

延伸知识：

1. 某古寺庙典型整体修复工程流水施工横道图（图 3-19）

正殿：也称大雄宝殿，大雄宝殿是佛教寺院中供奉佛像的正殿。

伽蓝殿：伽蓝，狭义而言，指伽蓝土地的守护神，广义而言，泛指所有拥护佛法的诸天善神。正殿的东边配殿，一般是伽蓝殿。

祖师殿：用以纪念禅宗的宗派祖师。正殿的西边配殿，一般是祖师殿。

鼓楼、钟楼：唐代寺庙内通常设鼓和钟，元、明时期发展为鼓楼、钟楼相对而建，专供佛事之用。

2. 木结构古建筑大木作制作安装的常规施工流程

大木作，古代中国木构架建筑的主要结构部分，由柱、梁、枋、檩等组成（图 3-20）。

1）大木制作前，应反复核对图纸尺寸，排好杖杆。制作时应严格按照杖杆排好尺寸划线制作。亭子、垂花门大木制作完成后，应将上架构件在平地组装一次，如榫卯不合适，应及时修整。

2）柱子制作安装首先按柱高加后备长度截料，放八挂线，砍八方。放十六方线，砍圆刨光。柱子砍圆后弹出中线，用杖杆在柱子中点出柱高，上做馒头榫，下做管脚榫。柱子制作完成后，不能留死棱，梅花柱制作时起线要平整，深浅要一致，不留毛槎。柱子安装时四面对准中线，吊直，拨正。

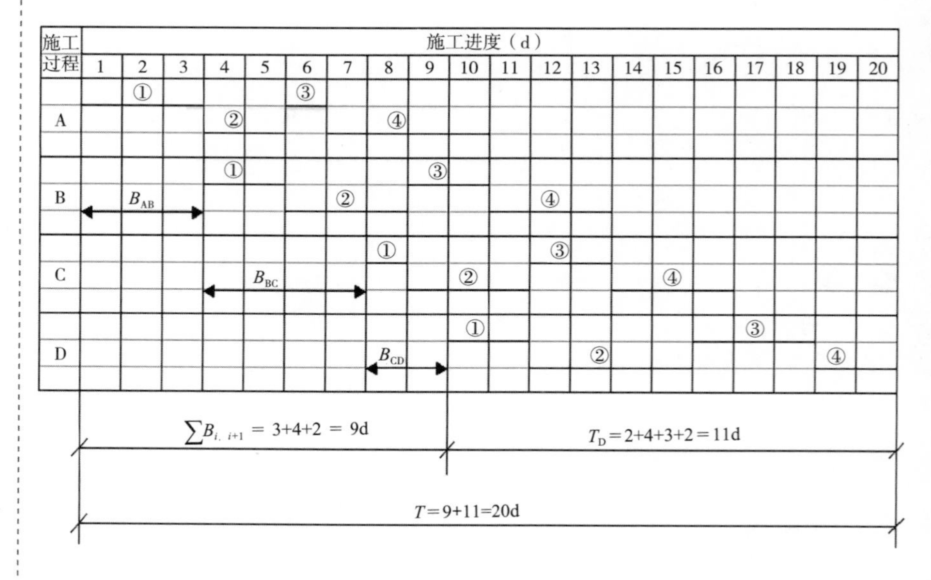

图 3-18 无节奏流水施工进度计划

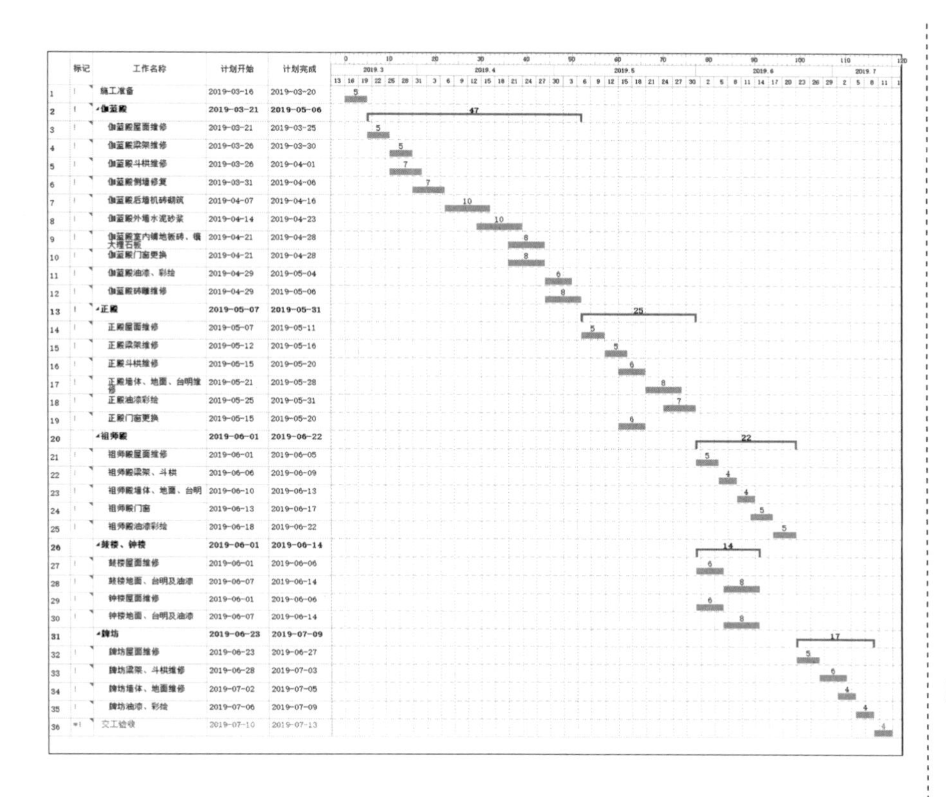

	工作名称	计划开始	计划完成
1	施工准备	2019-03-16	2019-03-20
2	**伽蓝殿**	**2019-03-21**	**2019-05-06**
3	伽蓝殿屋面维修	2019-03-21	2019-03-25
4	伽蓝殿梁架维修	2019-03-26	2019-03-30
5	伽蓝殿斗栱维修	2019-03-26	2019-04-01
6	伽蓝殿侧墙修复	2019-03-31	2019-04-06
7	伽蓝殿后墙机砖砌筑	2019-04-07	2019-04-16
8	伽蓝殿外墙水泥砂浆	2019-04-14	2019-04-23
9	伽蓝殿室内铺地板砖、镶大理石板	2019-04-21	2019-04-28
10	伽蓝殿门窗更换	2019-04-21	2019-04-28
11	伽蓝殿油漆、彩绘	2019-04-29	2019-05-04
12	伽蓝殿砖雕维修	2019-04-29	2019-05-06
13	**正殿**	**2019-05-07**	**2019-05-31**
14	正殿屋面维修	2019-05-07	2019-05-11
15	正殿梁架维修	2019-05-12	2019-05-16
16	正殿斗栱维修	2019-05-15	2019-05-20
17	正殿墙体、地面、台明维修	2019-05-21	2019-05-28
18	正殿油漆彩绘	2019-05-25	2019-05-31
19	正殿门窗更换	2019-05-15	2019-05-20
20	**祖师殿**	**2019-06-01**	**2019-06-22**
21	祖师殿屋面维修	2019-06-01	2019-06-05
22	祖师殿梁架、斗栱	2019-06-06	2019-06-09
23	祖师殿墙体、地面、台明	2019-06-10	2019-06-13
24	祖师殿门窗	2019-06-13	2019-06-17
25	祖师殿油漆彩绘	2019-06-18	2019-06-22
26	**鼓楼、钟楼**	**2019-06-01**	**2019-06-14**
27	鼓楼屋面维修	2019-06-01	2019-06-06
28	鼓楼地面、台明及油漆	2019-06-07	2019-06-14
29	钟楼屋面维修	2019-06-01	2019-06-06
30	钟楼地面、台明及油漆	2019-06-07	2019-06-14
31	**牌坊**	**2019-06-23**	**2019-07-09**
32	牌坊屋面维修	2019-06-23	2019-06-27
33	牌坊梁架、斗栱维修	2019-06-28	2019-07-03
34	牌坊墙体、地面维修	2019-07-02	2019-07-05
35	牌坊油漆、彩绘	2019-07-06	2019-07-09
36	交工验收	2019-07-10	2019-07-13

图3-19　某古寺庙典型整体修复工程流水施工横道图

柱子有升时应按升线吊直。

3）各架梁制作按杖杆点好梁总长截料。用锛斧、刨子将两肋砍平、刨光。弹出平水线，再弹抬头线，然后倒楞，做出熊背，按平水线做出檩碗，在中线两侧按垫板厚度做出口子。最后在梁底十字中线凿出海眼。各架梁制作尺寸要准确，檩碗不架码，海眼大小要合适，安装时梁与柱中要对准。

4）各种檩制作按杖杆截料，迎头放十字线、八挂线，砍圆刨光，弹出上下中线，做出上下金盘，两端一端做榫，一端做卯。檩制作时划线要准，榫卯松紧要适度。安装时位置要准，不闯退中线。

5）椽子望板制作安装时，要按排好杖杆截料，椽子应留出盘头长度。圆椽要放线，按线砍圆刨光，方椽要放线找出大小、刨光。

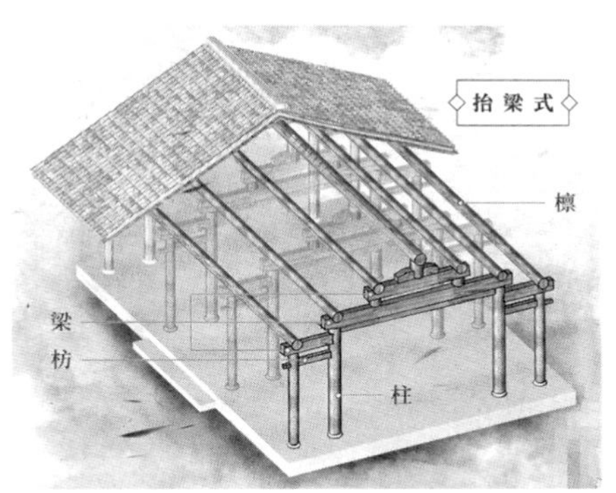

图3-20　抬梁式木构架

章节检测

一、单项选择题

1. 最理想的流水组织方式是（　　）。

A. 等节拍流水　　　　B. 异节拍流水

C. 无节奏流水　　　　　　　　　　D. 依次流水

2. 从事某一施工过程的工作队（组）在一个施工段上的工作延续时间的流水参数是（　　）。

A. 流水节拍　　B. 流水步距　　C. 施工过程数　　D. 施工段数

3. 室内装饰工程一般采用（　　）的流水施工方案。

A. 自上而下　　B. 自下而上　　C. 自左向右　　D. 自右向左

4. 某古建筑青砖墙体的修复工程，包括墙体基层处理、化学植筋、挂网注浆、涂抹涂料 4 个施工过程，平面上划分为 4 个施工段，流水节拍均为 3d，则该工程工期为（　　）d。

A. 12　　B. 15　　C. 21　　D. 18

5. 流水施工组织方式是施工中常采用的方式，因为（　　）。

A. 它的工期最短

B. 现场组织、管理简单

C. 能够实现专业工作队连续施工

D. 单位时间投入劳动力、资源量最少

6. 下列间歇时间中，属于工艺间歇时间的是（　　）。

A. 油漆后的干燥时间　　　　　　B. 技术准备工作时间

C. 施工机械转移时间　　　　　　D. 定位放线时间

7. “节拍累加数列错位相减取最大差值”是求无节奏流水的（　　）。

A. 流水节拍　　B. 流水步距　　C. 流水强度　　D. 流水段

8. 某仿古建筑基础工程由挖基槽、浇垫层、砌砖基、回填土四个有工艺顺序关系的施工过程组成，它们的流水节拍均为 2d，若有 4 个施工段，则其流水工期为（　　）。

A. 8d　　B. 12d　　C. 10d　　D. 14d

9. 某历史文化街区古建筑修缮工程，计划工期为 50d，按等节奏流水组织施工，施工段为 6 段，5 个施工过程各组织一个专业队。搭接时间之和与间歇时间之和均为 6d，则该工程的流水步距为（　　）。

A. 5d　　B. 6d　　C. 7d　　D. 8d

10. 下列属于无节奏流水施工特点的是（　　）。

A. 所有施工过程在各施工段上的流水节拍均相等

B. 不同施工过程在同一施工段上的流水节拍都相等

C. 专业工作队数目大于施工过程数目

D. 流水步距等于流水节拍

11.（　　）不能缩短施工过程的持续时间。

A. 增加工作班次　　　　　　　　B. 增加人力或设备

C. 改进施工方法　　　　　　　D. 组织平行交叉作业

12. 某混凝土仿古建筑内墙彩画施工，施工段数为 4，工作队数为 5，各施工队的流水节拍均为 5d，则组织全等节拍流水施工的计划工期为（　　）。

A. 24d　　　B. 32d　　　C. 36d　　　D. 40d

二、判断题

1. 流水施工参数包括工艺参数、空间参数和时间参数。（　　）

2. 工艺参数是指流水步距、流水节拍、技术间歇、搭接时间等。（　　）

3. 组织流水施工必须使同一施工过程的专业队组保持连续施工。（　　）

4. 成倍节拍中同一施工过程在各个施工段上的流水节拍均相等。（　　）

三、简答题

1. 简述组织建筑工程流水施工的作用和条件。

2. 试述无节奏流水施工的主要特点。

3. “节拍累加斜减取大差法”的计算步骤是怎样的？

四、计算题

1. 某徽派仿古建筑屋面施工项目，由 A（基层处理）、B（防水）、C（铺瓦）、D（外观处理）四个专业队进行等节奏流水施工，流水节拍均为 3d，第二个专业队（B 队）完工时间为第 17d 末。其中，B 与 A 之间需 2d 技术间歇时间，而 D 与 C 可安排搭接施工 1d。试计算该项目总工期，并绘制横道图。

2. 某建设工程需建造四幢定型设计的仿古建筑房屋，每幢房屋的主要施工过程及其作业时间为：基础工程 5 周、结构安装 15 周、室内装修 10 周、室外工程 5 周。试组织成倍节拍流水施工，并绘制横道图。

3. 有四栋仿古建筑的顶棚吊顶工程，均包括施工准备、定位弹线、可调吊杆的制作与安装、加设花篮螺栓、龙骨的加工与安装等五个施工过程，按栋划定施工段，各施工过程在各施工段上的工作持续时间见下表，无技术、组织间歇。试组织无节奏流水施工，并计算工期。

施工过程 \ 施工段	①	②	③	④
施工准备	3	2	2	4
定位弹线	1	3	5	3
可调吊杆的制作与安装	2	1	3	5
加设花篮螺栓	4	2	3	3
龙骨的加工与安装	3	4	2	1

4

Gujianzhu Wangluo Jihua Jishu

古建筑网络计划技术

学习目标：

1. 了解古建筑网络计划基本概念及其特点。
2. 掌握双代号网络计划和单代号网络计划的绘制方法与时间参数的计算。
3. 能够将双代号网络计划改绘为双代号时标网络计划。
4. 掌握古建筑网络计划的优化和调整方法。

导读：

网络图是除横道图外，另一种用来表示和控制工程施工进度的形式，其在确定各项工作的逻辑制约关系、明确各项工作的机动时间、找出关键线路并进行优化调整等方面具有突出的优势。那么，网络计划有哪些表达形式？不同表达形式的网络图绘制时的基本原则和注意要点有哪些？各项工作的主要时间参数有哪几种？如何准确计算出各项工作的时间参数？怎样对古建筑网络计划进行工期、资源和费用的优化和调整？我们将通过本章的学习得出答案。

本章知识体系思维导图：

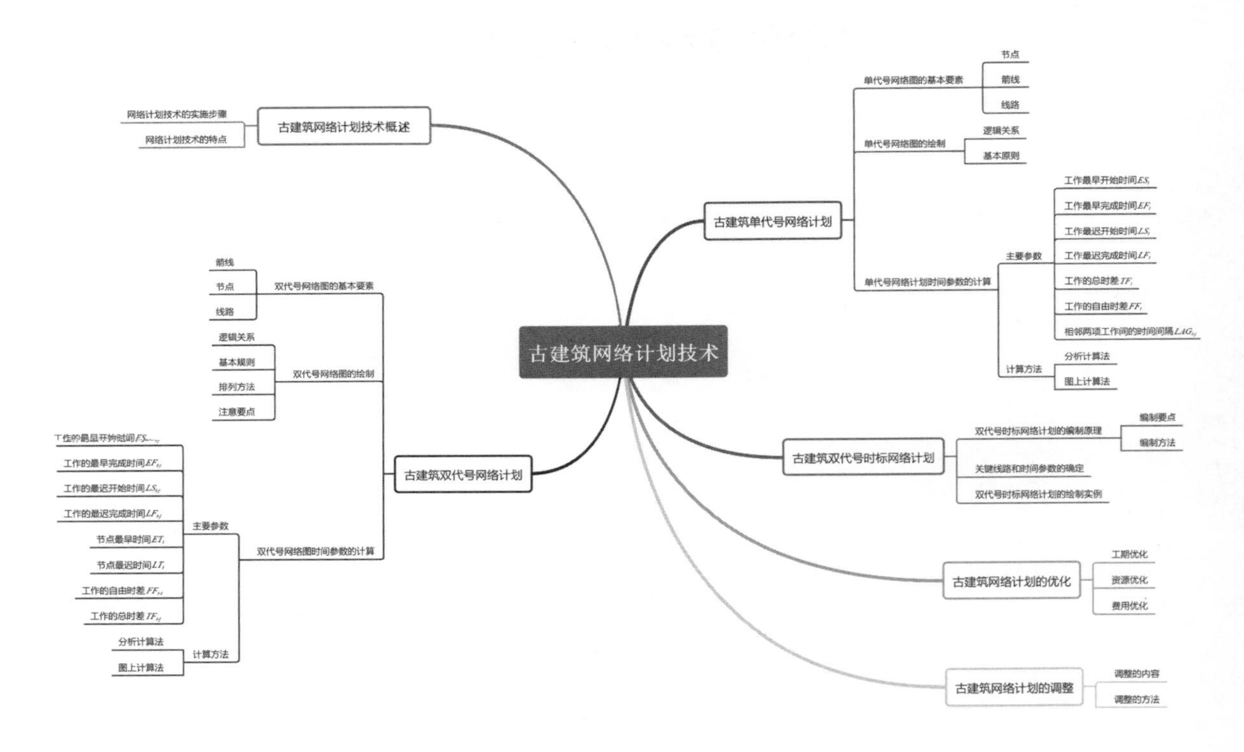

4.1　古建筑网络计划技术概述

网络计划技术是施工组织计划技术的主要方法之一，它由箭杆和节点组成，用以表达各项工作的先后顺序和相互关系。这种方法逻辑严密，主要矛盾突出，有利于计划的优化调整和借助计算机开展应用。因此，在工程管理、军事、航天、科学研究等领域得到广泛使用，并取得了显著的应用效果。

4.1.1 网络计划技术的实施步骤

网络计划首先需要绘制工程施工网络图，以此表达施工计划中各工作先后顺序的逻辑关系，然后通过计算确定关键工作及关键路线，接着按选定目标不断改善计划安排，并付诸实施，最后在执行过程中进行控制、监督和调整，以达到缩短工期、提高工效、降低成本、增加经济效益的目的。

4.1.2 网络计划技术的特点

建筑施工进度计划既可以用网络图表示，也可以用横线图表示，从发展的角度看，网络图的应用将会比横线图更为广泛，因为它具有以下几个优点：

1）能全面而明确地反映出各项工作之间的相互依赖、相互制约关系。比如某古建筑木制品加工工作，图 4-1 中人工雕作 2 须在人工雕作 1 之后进行，而与其他工作无关。

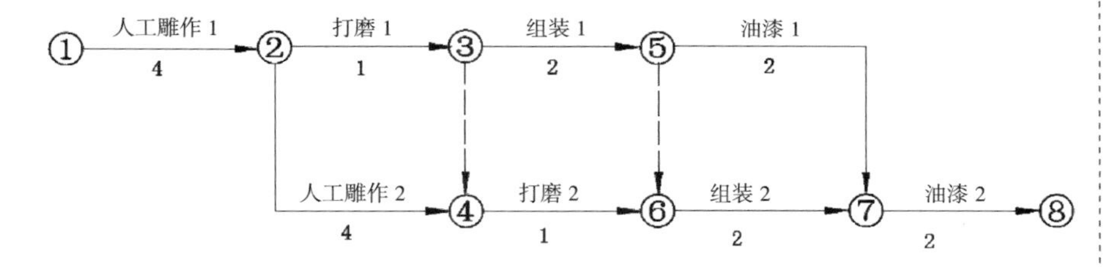

图 4-1 网络计划示意

2）通过计算，能确定各项工作的开始时间和结束时间以及其他各种时间参数，并能找出对全局有影响的关键工作和关键线路，便于在施工中集中力量抓住主要矛盾，确保竣工工期，避免盲目施工。

3）在计划实施过程中能进行有效的控制和调整，保证以最小的消耗取得最大的经济效果。如某一工序因故提前和拖后时，能从计划中预见到对其他工作及总工期的影响程度，便于及早采取措施消除不利因素。

4）能利用计算得出某些工作的机动时间，更好地调配人力、物力，达到降低成本的目的。

5）可以利用计算机对复杂的网络计划进行调整与优化，实现计划的科学管理。

4.2 古建筑双代号网络计划

4.2.1 双代号网络图的概念

双代号网络图是网络计划的一种表示方法，它是用两个圆圈或方框和一条箭线代表一项工作，将工作代号、工作名称和完成工作所需要的时间分别写在箭线上、下方，并在节点处将活动连接起来表示依赖关系的网络图，亦称“箭线图法”，用这种网络图表示的计划叫作双代号网络计划。有时为确定所有逻辑关系，可使用虚拟工作。

4.2.2 双代号网络图的基本要素

(1) 箭线

1) 实箭线 一条实箭线表示一项工作或一个施工过程，箭头表示工作的结束。通常将工作名称标注在箭线上方，工作时间或资源数量标注在箭线下方，如图 4-2 (a) 所示。一般而言，每项工作的完成都要消耗一定的时间及资源，而只消耗时间不需要消耗资源的工作，如石灰浆抹灰、木结构油漆等技术间歇，也应作为一项工作来对待，均用实箭线来表示，如图 4-2 (b) 所示。

① 工作名称 / 工作时间 → ②　　(a)

① 木结构油漆 / 3d → ②　　(b)

图 4-2 双代号网络图实箭线表达内容示意

2) 虚箭线 虚箭线仅表示工作之间的逻辑关系，它既不消耗时间，也不消耗资源。一般不标注名称，持续时间为零，表示方式如图 4-3 所示。

图 4-3 虚箭线的两种表示方法

(2) 节点

在双代号网络图中节点用○表示。它表示的内容有以下几个方面：

1) 节点表示前面工作结束和后面工作开始的瞬间，节点不需要消耗时间和资源。

2) 节点根据其位置不同可以表示为起点节点、终点节点、中间节点。起点节点就是网络图中的第一个节点，它表示一项计划（或工程）的开始；终点节点就是网络图中的终止节点，它表示一项计划（或工程）的结束；中间节点就是网络图中的任何一个中间节点，它既表示紧前各工作的结束，又表示其紧后各工作的开始，如图 4-4 所示。

3) 节点必须编号，每条箭线前后两个节点的编号表示一项工作，如图 4-4 (b) 中 1 和 2 表示 A 工作，且一项工作应只有唯一的一条箭线和相应的一对节点编号，箭尾的节点编号应小于箭头的节点编号。节点编号可以连号也可以跳号。

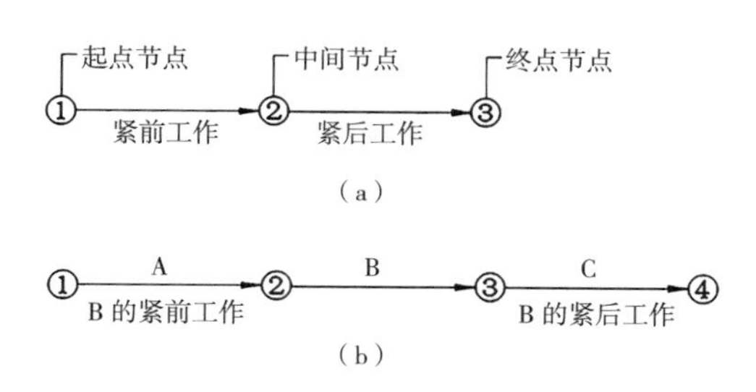

图 4-4　节点示意

4）对一个节点而言，可以有许多箭线通向该节点，这些箭线称为“内向箭线”或“内向工作”；同样也可以有许多箭线从同一节点出发，这些箭线称为“外向箭线”或“外向工作”，如图 4-5 所示。

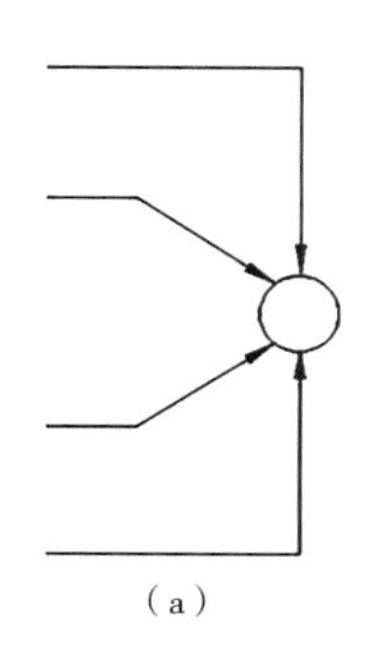
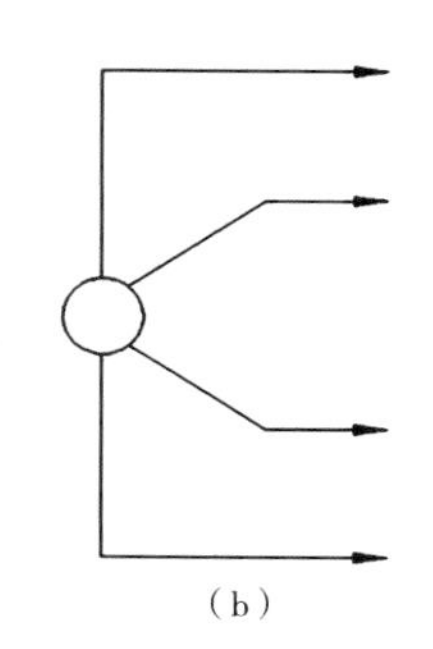

图 4-5　内向箭线和外向箭线
(a) 内向箭线；(b) 外向箭线

(3) 线路和关键线路

线路是指从网络图的起点节点，顺着箭头所指的方向，通过一系列的节点和箭线不断到达终点节点的通路。网络图中从起点节点到终点节点，一般都存在着许多线路，图 4-6 中有 3 条线路，每条线路都包含着若干项工作，这些工作的持续时间之和就是这条线路的总持续时间。图 4-6 中 3 条线路均有各自的总持续时间，见表 4-1。

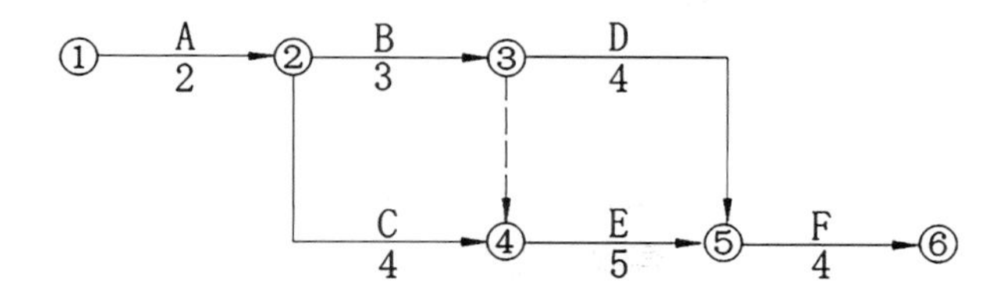

图 4-6　双代号网络图

各线路的总持续时间（d）　　　　**表 4-1**

线路	总持续时间
①→②→③→⑤→⑥	13
①→②→③→④→⑤→⑥	14
①→②→④→⑤→⑥	15

任何一个网络图中至少存在一条或几条总时间最长的线路，如表 4-1 中①→②→④→⑤→⑥这条线路的总持续时间决定了此网络计划工期，这条线路是如期完成工程计划的关键所在，因此称为关键线路。在关键线路上的工作称为关键工作，一般用双线或粗线表示，其他线路长度均小于关键线路，称为非关键线路。

关键线路不是一成不变的，在一定条件下，关键线路和非关键线路会互相转化，如当关键工作的施工时间拖延，或非关键工作的施工时间缩短时，就有可能使关键线路发生转移。在网络计划图中，关键工作的比重往往不宜过大，否则不利于工程组织者集中力量抓好主要矛盾。

同学们在学习生活中，经常也会遇到大大小小的问题，要学会将问题进行主次、重要非重要的归类，抓住紧要问题、主要矛盾，在各个击破中提升能力。

4.2.3 双代号网络图的绘制

双代号网络图的正确绘制是网络计划方法应用的关键。正确的网络计划图应包括正确表达各种逻辑关系，且工作项目齐全，施工过程数目得当，遵守绘图的基本规则，选择恰当的绘图排列方法。

（1）网络图的逻辑关系

网络图中的逻辑关系是指网络计划中所表示的各个工作之间客观上存在或主观上安排的先后顺序关系。这种顺序关系划分为两类：一类是施工工艺关系，称为工艺逻辑；另一类是施工组织关系，称为组织逻辑。

1）工艺逻辑关系

工艺逻辑关系是由施工工艺和操作规程所决定的各个工作之间客观上存在的先后施工顺序。对于一个具体的分部工程来说，当确定了施工方法以后，则该分部工程的各个工作的先后顺序一般是固定的，有的是绝对不能颠倒的。比如古建筑木梁加固处理时，必须在裂缝处理、包镶梁头后才能进行梁架拨正。

2）组织逻辑关系

组织逻辑关系是在施工组织安排中，考虑劳动力、机具、材料或工期等因素的影响，在各工作之间客观合理安排的先后顺序关系。这种关系不受施工工艺的限制，不是由工程性质本身决定的，而是在保证施工质量、安全和工期等的前提下，可以人为安排的顺序关系。比如有甲、乙两座寺庙基础工程的土方开挖，如果施工方案确定使用一台抓铲挖土机，那么开挖的顺序究竟是先甲后乙、还是先乙后甲，应该取决于施工方案所作出的决定。

在绘制网络计划图时，必须正确反映各工作之间的逻辑关系，其表示方法见表 4-2。

各活动之间逻辑关系在网络图中的表示方法 **表 4–2**

序号	各活动之间的逻辑关系	用双代号网络图的表达方式
1	A 完成后，进行 B 和 C	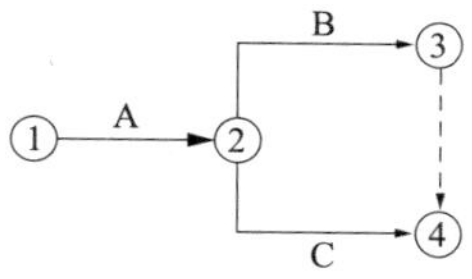
2	A、B 完成后，进行 C 和 D	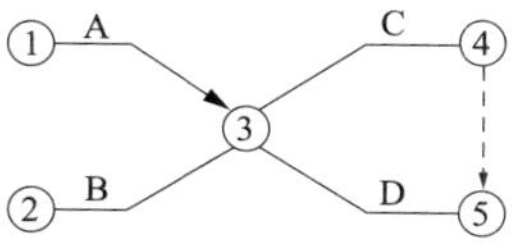
3	A、B 完成后，进行 C	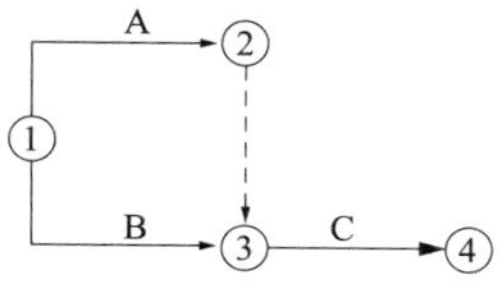
4	A 完成后，进行 C； A、B 完成后，进行 D	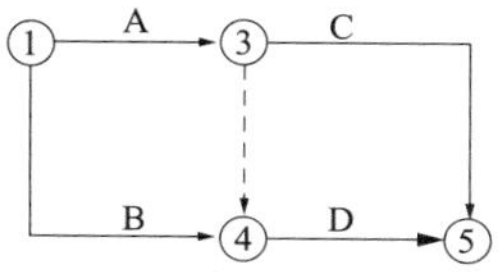
5	A、B 完成后，进行 D； A、B、C 完成后，进行 E； D、E 完成后，进行 F	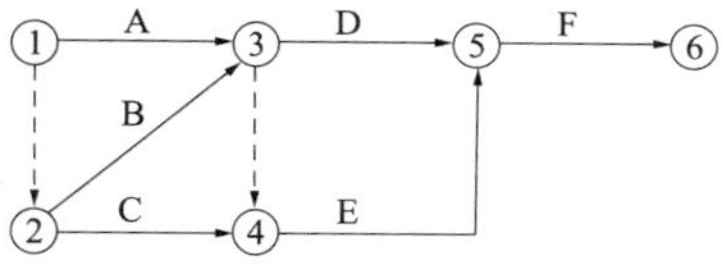
6	A、B 均分为 1、2、3 三个施工段； A1 完成后，进行 A2、B1； A2 完成后，进行 A3； A2 及 B1 完成后，进行 B2； A3 及 B2 完成后，进行 B3	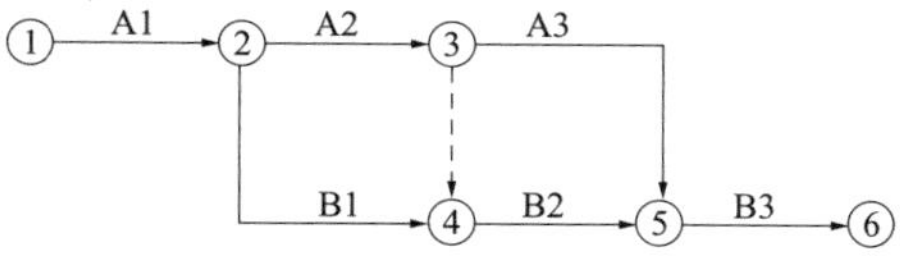
7	A 完成后，进行 B； B、C 完成后，进行 D	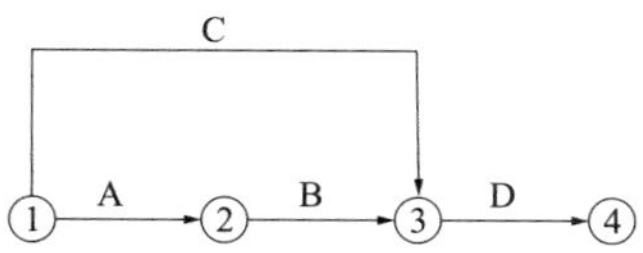

（2）绘制网络图的基本规则

1）双代号网络图必须正确表达逻辑关系，见表 4–2。

2）双代号网络图中，严禁出现循环回路，因为它会导致计划工作永无止境，没有结果。如图 4–7 中②→④→⑤→③形成了工作循环回路，它

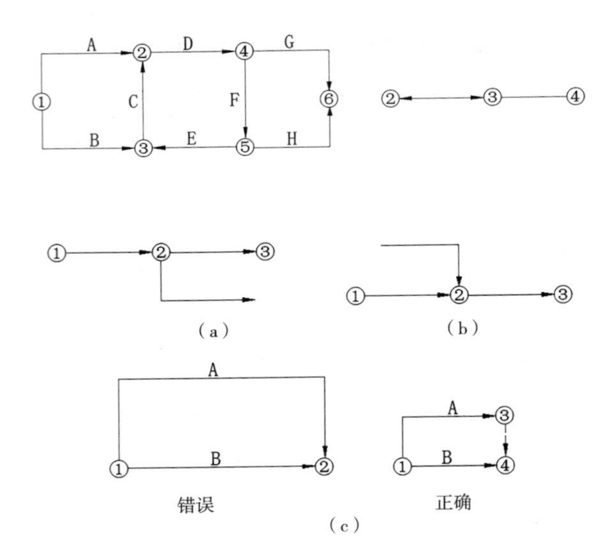

图 4-7　不允许出现循环回路（左）

图 4-8　不允许出现双向箭头或无箭头连线（右）

图 4-9　几种错误情形

(a) 没有箭头节点的箭线；
(b) 没有箭尾节点的箭线；
(c) 两个代号只能代表一个施工过程

所表达的逻辑关系是错误的。

3) 双代号网络图中，在节点之间严禁出现带双向箭头或无箭头的连线，它会导致工作顺序不明确。如图 4-8 中的② ↔ ③和③—④都是错误的。

4) 双代号网络图中，严禁出现没有箭头节点或没有箭尾节点的箭线。如图 4-9（a）、图 4-9（b）所示。

5) 双代号网络图中，一条箭线只能代表一个施工过程，一条箭线箭头节点的编号必须大于箭尾节点编号，一张网络图节点编号顺序一般是从左到右、从上到下进行编号，节点编号不能重复，按自然数从小到大编号，也可以跳号，两个代号只能代表唯一一个施工过程，如图 4-9（c）所示。

6) 当双代号网络图的某些节点有多条外向箭线或多条内向箭线时，在保证一项工作应只有唯一的一条箭线和相应的一对节点编号的前提下，可使用母线法绘图，如图 4-10 所示。

7) 绘制网络图时，箭线不宜交叉，当交叉不可避免时，可用过桥法或指向法，如图 4-11 所示。

8) 双代号网络图中只有一个起点节点，在不分期完成任务的网络图中，只有一个终点节点，而其他所有节点均应是中间节点。如图 4-12 中出现①、③两个起点节点，以及出现⑥、⑦两个终点节点均为错误。

(3) 双代号施工网络图的排列方法

1) 工艺顺序沿水平方向排列

这种方法是把各工作的工艺顺序沿水平方向排列，施工段按垂直方向排列。例如某古建筑工程有人工雕作、打磨、组装、油漆四项工作，分两个施工段组织流水施工，其形式如图 4-13 所示。

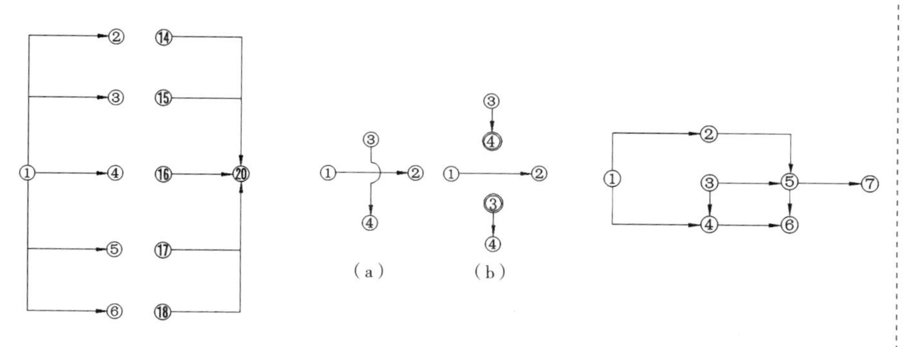

图 4-10 母线法（左）
图 4-11 箭线交叉时的处理方法（中）
（a）过桥法；（b）指向法
图 4-12 不允许出现多个起点节点或多个终点节点（右）

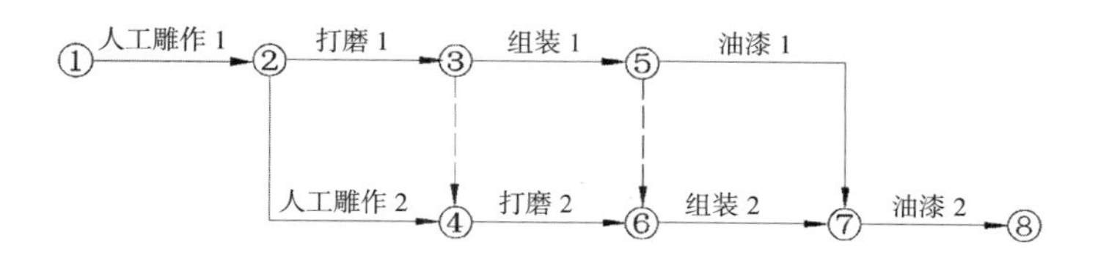

图 4-13 工艺顺序按水平方向排列

2）施工段沿水平方向排列

这种方法是把施工段沿水平方向排列，工艺顺序按垂直方向排列，其形式如图 4-14 所示。

（4）网络图的连接

编制一个工程规模比较大或有多幢古建筑群体工程的网络计划时，一般先按不同的分部工程编制局部网络图，然后根据其相互之间的逻辑关系进行连接，形成一幅总体网络图。

（5）绘制网络图应注意的问题

1）层次分明，重点突出

绘制网络计划图时，首先遵循网络图的绘制规则画出一张符合工艺和组织逻辑关系的网络计划草图，然后检查、整理出一幅条理清楚、层次分明、重点突出的网络计划图。

2）构图形式要简洁、易懂

绘制网络计划图时，通常的箭线应以水平线为主，竖线、斜线为辅，

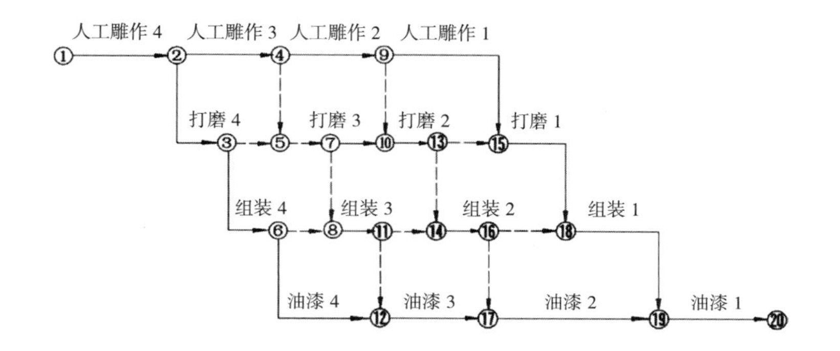

图 4-14 工艺顺序按垂直方向排列

如图 4-15（a）所示；应尽量避免用曲线，如图 4-15（b）所示。

3）正确应用虚箭线

绘制网络图时，正确应用虚箭线可以使网络计划中的逻辑关系更加明确、清楚，它起到“断”和“连”的作用。

用虚箭线切断逻辑关系：如图 4-16（a）所示的 A、B 工作的紧后工作 C、D 工作，如果要去掉 A 工作与 D 工作的联系，那么就增加虚箭线，增加节点，如图 4-16（b）所示。

用虚箭线连接逻辑关系：如图 4-17（a）所示，B 工作的紧前工作是 A 工作，D 工作的紧前工作是 C 工作。若 D 工作的紧前工作不仅有 C 工作而且还有 A 工作，那么连接 A 与 D 的关系就要使用虚箭线，如图 4-17（b）所示。

（6）双代号网络图示例

根据表 4-3 中各工作的逻辑关系，绘制双代号网络图并进行节点编号，如图 4-18 所示。

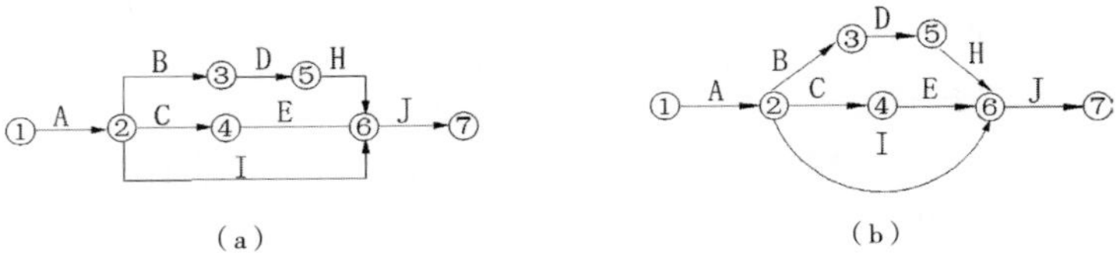

图 4-15　构图形式
（a）较好；（b）较差

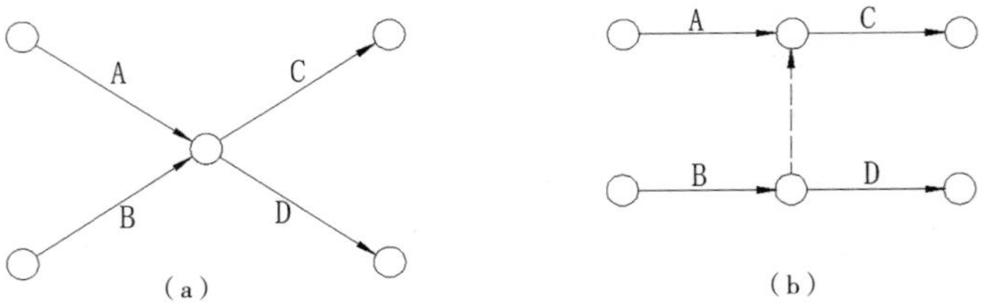

图 4-16　用虚箭线切断逻辑关系
（a）切断前的逻辑关系；
（b）切断后的逻辑关系

图 4-17　用虚箭线连接逻辑关系
（a）连接前的逻辑关系；
（b）连接后的逻辑关系

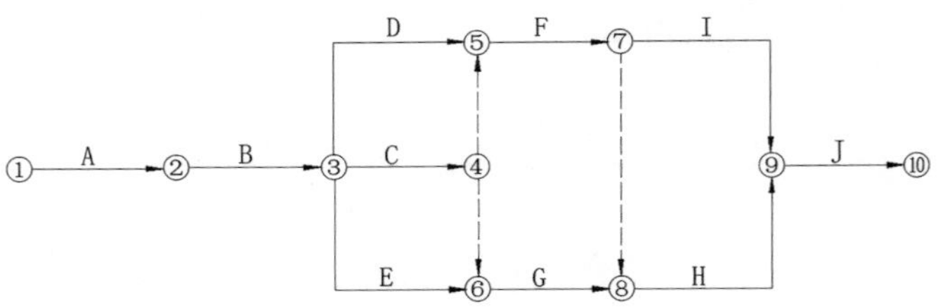

图 4-18　某工程网络计划图

各工作的逻辑先后顺序 表 4-3

施工过程	紧前工作	紧后工作
A	—	B
B	A	C、D、E
C	B	F、G
D	B	F
E	B	G
F	C、D	H、I
G	C、E	H
H	F、G	J
I	F	J
J	H、I	—

4.2.4 双代号网络图时间参数的计算

1. 各时间参数的含义

1）工作持续时间（duration）是一项工作或施工过程从开始到完成所需的时间，以符号 $D_{i\text{-}j}$ 表示。

2）工作的最早开始时间（earliest start time）是在紧前工作全部完成后，本工作有可能开始的最早时刻，以符号 $ES_{i\text{-}j}$ 表示。

3）工作的最早完成时间（earliest finish time）是在紧前工作全部完成后，本工作有可能完成的最早时刻，以符号 $EF_{i\text{-}j}$ 表示。

4）工作的最迟开始时间（lastest start time）是在不影响整个任务按期完成的条件下，工作必须开始的最迟时刻，以符号 $LS_{i\text{-}j}$ 表示。

5）工作的最迟完成时间（lastest finish time）是在不影响整个任务按期完成的条件下，工作必须完成的最迟时刻，以符号 $LF_{i\text{-}j}$ 表示。

6）事件（event）就是工作开始或完成的时间点。

7）节点最早时间（earliest event time）是以该节点为开始节点的各项工作的最早开始时间，以符号 ET_i 表示。

8）节点最迟时间（lastest event time）是以该节点为完成节点的各项工作的最迟完成时间，以符号 LT_i 表示。

9）工作的自由时差（free float）是各项工作按最早时间开始，且不影响其紧后工作最早开始时间的条件下本工作所具有的机动时间（富余时间），以符号 $FF_{i\text{-}j}$ 表示。

10）工作的总时差（total float）是各项工作在不影响总工期的前提下，本工作可以利用的机动时间，以符号 $TF_{i\text{-}j}$ 表示。

11）计算工期（calculated project duration）是根据时间参数计算所得到的工期，以符号 T_c 表示。

12）要求工期（required project duration）是项目法人在合同中所要求的工期，以符号 T_r 表示。

13）计划工期（planned project time）是在要求工期和计算工期的基础上综合考虑所确定的作为实施目标的工期，以符号 T_p 表示（$T_p \leqslant T_r$）。

2. 计算网络图时间参数的目的

计算网络图时间参数的目的包括以下几方面：

1）确定关键线路，使得在工作中能抓住主要矛盾，向关键线路要时间；

2）计算非关键线路上的富余时间，明确其存在多少机动时间，向非关键线路要劳力、要资源；

3）确定总工期，做到工程进度心中有数，确保能按时完工。

3. 计算网络图各种时间参数

二维码　双代号网络图时间参数的计算

计算双代号网络图时间参数的方法有：分析计算法、图上计算法、表上计算法、矩阵计算法、电算法等。本节对分析计算法、图上计算法展开介绍。

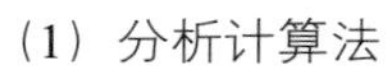

（1）分析计算法

①计算节点最早时间 ET_i

网络图起点节点的最早开始时间规定为零，其他节点的最早开始时间应从网络计划的起点节点开始，顺着箭线方向依次逐项计算，取各线路各个工作作业时间之和中的最大者。其计算公式如下：

$$ET_i=0 \text{（}i\text{ 为起点节点编号）} \tag{4-1}$$

$$ET_j=\max\{ET_i+D_{i-j}\} \tag{4-2}$$

【例 4-1】图 4-19 所示为某古建筑工程网络计划，试计算节点最早时间。

【解】按式（4-1）及式（4-2）计算，见表 4-4。

②计算节点最迟时间 LT_i

一般节点的最迟时间应从网络计划的终点节点开始，逆着箭线的方向依次逐项计算。

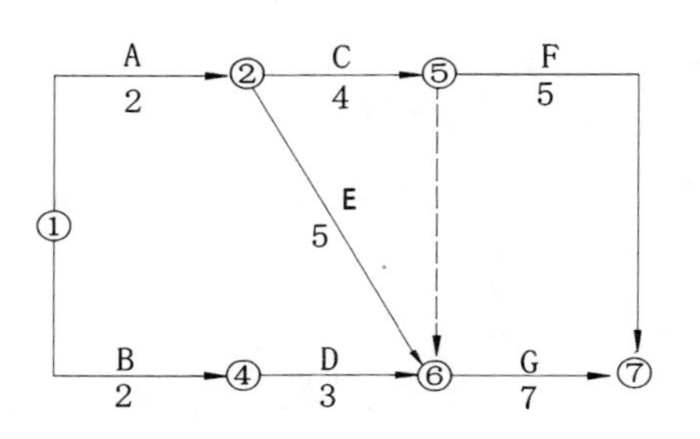

图 4-19　某古建筑工程网络计划

节点最早时间（d） **表 4-4**

节点编号	以本节点结束的工作延续时间	本节点最早时间 $ET_j=\max\{ET_i+D_{i-j}\}$
①		$ET_1=0$
②	$D_{1-2}=2$	$ET_2=ET_1+D_{1-2}=0=2$
④	$D_{1-4}=2$	$ET_4=ET_1+D_{1-4}=0+2=2$
⑤	$D_{2-5}=4$	$ET_5=ET_2+D_{2-5}=2+4=6$
⑥	$D_{4-6}=3$ $D_{2-6}=5$ $D_{5-6}=0$	$ET_6=\max\begin{Bmatrix}ET_4+D_{4-6}=2+3=5\\ET_2+D_{2-6}=2+5=7\\ET_5+D_{5-6}=6+0=6\end{Bmatrix}$，取最大值 $ET_6=7$
⑦	$D_{5-7}=5$ $D_{6-7}=7$	$ET_7=\begin{Bmatrix}ET_5+D_{5-7}=6+5=11\\ET_6+D_{6-7}=7+7=14\end{Bmatrix}$，取最大值 $ET_7=14$

终点节点的最迟时间 LT_n 应按网络计划的计划工期 T_p 确定，即

$$LT_n=T_p \tag{4-3}$$

其他节点的最迟时间 LT_i 应为

$$LT_i=\min\{LT_j-D_{i-j}\} \tag{4-4}$$

式中 LT_j——工作 $i-j$ 的箭头节点 j 的最迟时间。

【例 4-2】如图 4-19 所示，试计算节点最迟时间。

【解】按式（4-3）及式（4-4）计算，见表 4-5。

③计算工作的最早开始时间 ES_{i-j}

工作的最早开始时间应从网络计划的起点节点开始顺着箭线方向依次逐项计算。

节点最迟时间（d） **表 4-5**

节点编号	从本节点开始的工作延续时间	本节点最迟时间 $LT_i=\min\{LT_j-D_{i-j}\}$
⑦		$LT_7=ET_7=14$
⑥	$D_{6-7}=7$	$LT_6=LT_7-D_{6-7}=14-7=7$
⑤	$\begin{Bmatrix}D_{5-7}=5\\D_{5-6}=0\end{Bmatrix}$	$LT_5=\min\begin{Bmatrix}LT_7-D_{5-7}=14-5=9\\LT_6-D_{5-6}=7-0=7\end{Bmatrix}$，取最小值 $LT_5=7$
④	$D_{4-6}=3$	$LT_4=LT_6-D_{4-6}=7-3=4$
②	$D_{2-5}=4$ $D_{2-6}=5$	$LT_2=\min\begin{Bmatrix}LT_5-D_{2-5}=7-4=3\\LT_6-D_{2-6}=7-5=2\end{Bmatrix}$，取最小值 $LT_2=2$
①	$D_{1-2}=2$	$LT_1=LT_2-D_{1-2}=2-2=0$

以起点节点 i 为箭尾节点的工作 $i-j$，当未规定其最早开始时间 ES_{i-j} 时，其值应等于 0，即

$$ES_{i-j}=0\ （i 为起点节点） \tag{4-5}$$

其他工作 $i-j$ 的最早开始时间 ES_{i-j} 应为

$$ES_{i-j}=\max\{ES_{h-i}+D_{h-j}\} \tag{4-6}$$

或

$$ES_{i-j}=ET_i \tag{4-7}$$

式中　ES_{h-i}——工作 $i-j$ 的最早开始时间；

D_{h-i}——工作的紧前工作 $h-i$ 的持续时间。

【例 4-3】 如图 4-19 所示，试计算各工作的最早开始时间。

【解】 按式（4-5）、式（4-6）计算，见表 4-6。

④计算工作的最早完成时间 EF_{i-j}

工作 $i-j$ 的最早完成时间 EF_{i-j} 应按下式计算：

$$EF_{i-j}=ES_{i-j}+D_{i-j} \tag{4-8}$$

网络计划的计算工期 T_c 应按下式计算：

$$T_c=\max\{EF_{i-n}\} \tag{4-9}$$

式中　EF_{i-n}——以终点节点（$j=n$）为箭头节点的工作 $i-n$ 的最早完成时间。

网络计划的计划工期 T_c 的计算应按下列情况分别确定：

a. 当已规定了要求工期 T_r 时

$$T_p \leqslant T_r \tag{4-10}$$

b. 当未规定要求工期时

各工作的最早开始时间（d）　　**表 4-6**

工作代号	紧前各项工作作业时间	本工作最早开始时间 $ES_{i-j}=\max\{ES_{h-j}+D_{h-j}\}$
①－②		$ES_{1-2}=0$
①－④		$ES_{1-4}=0$
②－⑤	$D_{1-2}=2$	$ES_{2-5}=ES_{1-2}+D_{1-2}=0+2=2$
②－⑥	$D_{1-2}=2$	$ES_{2-6}=ES_{1-2}+D_{1-2}=0+2=2$
④－⑥	$D_{1-4}=2$	$ES_{4-6}=ES_{1-4}+D_{1-4}=0+2=2$
⑤－⑥	$D_{2-5}=4$	$ES_{5-6}=ES_{2-5}+D_{2-5}=2+4=6$
⑤－⑦	$D_{2-5}=4$	$ES_{5-7}=ES_{2-5}+D_{2-5}=2+4=6$
⑥－⑦	$\begin{Bmatrix} D_{2-6}=5 \\ D_{4-6}=3 \\ D_{5-6}=0 \end{Bmatrix}$	$ES_{6-7}=\max\begin{Bmatrix} ES_{2-6}+D_{2-6}=2+5=7 \\ ES_{4-6}+D_{4-6}=2+3=5 \\ ES_{5-6}+D_{5-6}=6+0=6 \end{Bmatrix}$，取最大值 $ES_{6-7}=7$

各工作的最早完成时间（d）　　表 4-7

工作代号	本工作最早开始时间 ES_{i-j}	作业时间 D_{i-j}	本工作最早完成时间 $EF_{i-j}=ES_{i-j}+D_{i-j}$
①－②	$ES_{1-2}=0$	2	$EF_{1-2}=ES_{1-2}+D_{1-2}=0+2=2$
①－④	$ES_{1-4}=0$	2	$EF_{1-4}=ES_{1-4}+D_{1-4}=0+2=2$
②－⑤	$ES_{2-5}=2$	4	$EF_{2-5}=ES_{2-5}+D_{2-5}=2+4=6$
②－⑥	$ES_{2-6}=2$	5	$EF_{2-6}=ES_{2-6}+D_{2-6}=2+5=7$
④－⑥	$ES_{4-6}=2$	3	$EF_{4-6}=ES_{4-6}+D_{4-6}=2+3=5$
⑤－⑥	$ES_{5-6}=6$	0	$EF_{5-6}=ES_{5-6}+D_{5-6}=6+0=6$
⑤－⑦	$ES_{5-7}=6$	5	$EF_{5-7}=ES_{5-7}+D_{5-7}=6+5=11$
⑥－⑦	$ES_{6-7}=7$	7	$EF_{6-7}=ES_{6-7}+D_{6-7}=7+7=14$

$$T_p=T_c \tag{4-11}$$

【例 4-4】如图 4-19 所示，试计算各工作的最早完成时间。

【解】按式（4-8）计算，见表 4-7。

⑤计算工作的最迟完成时间 LF_{i-j}

工作 $i-j$ 的最迟完成时间 LF_{i-j} 应从网络计划的终点节点开始，逆着箭线方向依次逐项计算。

以终点节点（$j=n$）为箭头节点的工作的最迟完成时间 LF_{i-n}，应按网络计划的计划工期 T_p 确定，即

$$LF_{i-n}=T_p \tag{4-12}$$

$T_p \leqslant T_r$（规定了要求工期时）

$T_p=T_c$（未规定工期时）

其他工作 $i-j$ 的最迟完成时间 LF_{i-j} 应为

$$LF_{i-j}=\min\{LF_{j-k}-D_{j-k}\} \tag{4-13}$$

或

$$LF_{i-j}=LT_j \tag{4-14}$$

式中　LF_{j-k}——工作 $i-j$ 的紧后各项工作 $j-k$ 的最迟完成时间；

D_{j-k}——工作 $i-j$ 的紧后各项工作 $j-k$ 的持续时间。

【例 4-5】如图 4-19 所示，试计算各工作的最迟完成时间。

【解】按式（4-12）与式（4-13）计算，见表 4-8。

⑥计算工作的最迟开始时间 LS_{i-j}

工作 $i-j$ 的最迟开始时间应按下式计算：

$$LS_{i-j}=LF_{i-j}-D_{i-j} \tag{4-15}$$

各工作的最迟完成时间（d）　　表 4-8

工作代号	紧后各项工作作业时间 D_{j-k}	本工作最迟完成时间 $LF_{i-j}=\min\{LF_{j-k}-D_{j-k}\}$
⑥－⑦		$LF_{6-7}=LT_n=14$
⑤－⑦		$LF_{5-7}=LT_n=14$
⑤－⑥	$D_{6-7}=7$	$LF_{5-6}=LF_{6-7}-D_{6-7}=14-7=7$
④－⑥	$D_{6-7}=7$	$LF_{4-6}=LF_{6-7}-D_{6-7}=14-7=7$
②－⑥	$D_{6-7}=7$	$LF_{2-6}=LF_{6-7}-D_{6-7}=14-7=7$
②－⑤	$D_{5-7}=5$ $D_{5-6}=0$	$LF_{2-5}=\min\begin{Bmatrix}LF_{5-7}-D_{5-7}=14-5=9\\LF_{5-6}-D_{5-6}=7-0=7\end{Bmatrix}$，取最小值 $LF_{2-5}=7$
①－④	$D_{4-6}=3$	$LF_{1-4}=LF_{4-6}-D_{4-6}=7-3=4$
①－②	$\begin{cases}D_{2-5}=4\\D_{2-6}=5\end{cases}$	$LF_{1-2}=\min\begin{Bmatrix}LF_{2-5}-D_{2-5}=7-4=3\\LF_{2-6}-D_{2-6}=7-5=2\end{Bmatrix}$，取最小值 $LF_{1-2}=2$

【例 4–6】如图 4–19 所示，试计算各工作的最迟开始时间。

【解】按式（4–15）计算，见表 4-9。

⑦计算工作 $i-j$ 的自由时差 FF_{i-j}

工作 $i-j$ 的自由时差 FF_{i-j} 应按下式计算：

$$FF_{i-j}=ES_{j-k}-ES_{i-j}-D_{i-j} \tag{4-16}$$

$$FF_{i-j}=ES_{j-k}-EF_{i-j} \tag{4-17}$$

或

$$FF_{i-j}=ET_j-ET_i-D_{i-j} \tag{4-18}$$

式中　ES_{j-k}——工作 $i-j$ 的紧后工作的最早开始时间。

【例 4–7】如图 4–19 所示，试计算各工作的自由时差。

【解】按式（4–17）计算，见表 4–10。

各工作的最迟开始时间（d）　　表 4–9

工作代号	本工作最迟完成时间 LF_{i-j}	作业时间 D_{i-j}	本工作最迟开始时间 $LS_{i-j}=LF_{i-j}-D_{i-j}$
①－②	$LF_{1-2}=2$	$D_{1-2}=2$	$LS_{1-2}=LF_{1-2}-D_{1-2}=2-2=0$
①－④	$LF_{1-4}=4$	$D_{1-4}=2$	$LS_{1-4}=LF_{1-4}-D_{1-4}=4-2=2$
②－⑤	$LF_{2-5}=7$	$D_{2-5}=4$	$LS_{2-5}=LF_{2-5}-D_{2-5}=7-4=3$
④－⑥	$LF_{4-6}=7$	$D_{4-6}=3$	$LS_{4-6}=LF_{4-6}-D_{4-6}=7-3=4$
②－⑥	$LF_{2-6}=7$	$D_{2-6}=5$	$LS_{2-6}=LF_{2-6}-D_{2-6}=7-5=2$
⑤－⑥	$LF_{5-6}=7$	$D_{5-6}=0$	$LS_{5-6}=LF_{5-6}-D_{5-6}=7-0=7$
⑤－⑦	$LF_{5-7}=14$	$D_{5-7}=5$	$LS_{5-7}=LF_{5-7}-D_{5-7}=14-5=9$
⑥－⑦	$LF_{6-7}=14$	$D_{6-7}=7$	$LS_{6-7}=LF_{6-7}-D_{6-7}=14-7=7$

各工作的自由时差（d） 表 4-10

工作代号	紧后各项工作作业时间 ES_{j-k}	本工作最早完成时间 EF_{i-j}	本工作自由时差 $FF_{i-j}=ES_{j-k}-EF_{i-j}$
①－②	$ES_{2-6}=2$ 或 $ES_{2-5}=2$（任选一个）	$EF_{1-2}=2$	$FF_{1-2}=ES_{2-6}-EF_{1-2}=2-2=0$
①－④	$ES_{4-6}=2$	$EF_{1-4}=2$	$FF_{1-4}=ES_{4-6}-EF_{1-4}=2-2=0$
②－⑤	$ES_{5-7}=6$ 或 $ES_{5-6}=6$（任选一个）	$EF_{2-5}=6$	$FF_{2-5}=ES_{5-7}-EF_{2-5}=6-6=0$
④－⑥	$ES_{6-7}=7$	$EF_{4-6}=5$	$FF_{4-6}=ES_{6-7}-EF_{4-6}=7-5=2$
②－⑥	$ES_{6-7}=7$	$EF_{2-6}=7$	$FF_{2-6}=ES_{6-7}-EF_{2-6}=7-7=0$
⑤－⑥	$ES_{6-7}=7$	$EF_{5-6}=6$	$FF_{5-6}=ES_{6-7}-EF_{5-6}=7-6=1$
⑤－⑦	$ET_n=ET_7=14$	$EF_{5-7}=11$	$FF_{5-7}=ET_7-EF_{5-7}=14-11=3$
⑥－⑦	$ET_n=ET_7=14$	$EF_{6-7}=14$	$FF_{6-7}=ET_7-EF_{6-7}=14-14=0$

注：⑤－⑥为虚工作，不存在时差，上述所计算 $FF_{5-6}=1$，说明存在 1 个公共时差可供紧前工作使用。

⑧计算工作 $i-j$ 的总时差 TF_{i-j}

工作 $i-j$ 的总时差 TF_{i-j} 可按下式计算：

$$TF_{i-j}=LS_{i-j}-ES_{i-j} \tag{4-19}$$

$$TF_{i-j}=LF_{i-j}-EF_{i-j} \tag{4-20}$$

$$TF_{i-j}=LT_j-ET_{i-j} \tag{4-21}$$

$$TF_{i-j}=LT_j-ET_i-D_{i-j} \tag{4-22}$$

【例 4-8】如图 4-19 所示，试计算各工作的总时差。

【解】按式（4-19）计算，见表 4-11。

各工作的总时差（d） 表 4-11

工作代号	本工作最早开始时间 ES_{i-j}	本工作最迟开始时间 LS_{i-j}	本工作总时差 $TF_{i-j}=LS_{i-j}-ES_{i-j}$
①－②	$ES_{1-2}=0$	$LS_{1-2}=0$	$TF_{1-2}=LS_{1-2}-ES_{1-2}=0-0=0$
①－④	$ES_{1-4}=0$	$LS_{1-4}=2$	$TF_{1-4}=LS_{1-4}-ES_{1-4}=2-0=2$
②－⑤	$ES_{2-5}=2$	$LS_{2-5}=3$	$TF_{2-5}=LS_{2-5}-ES_{2-5}=3-2=1$
④－⑥	$ES_{4-6}=2$	$LS_{4-6}=4$	$TF_{4-6}=LS_{4-6}-ES_{4-6}=4-2=2$
⑤－⑥	$ES_{5-6}=6$	$LS_{5-6}=7$	$TF_{5-6}=LS_{5-6}-ES_{5-6}=7-6=1$
⑤－⑦	$ES_{5-7}=6$	$LS_{5-7}=9$	$TF_{5-7}=LS_{5-7}-ES_{5-7}=9-6=3$
⑥－⑦	$ES_{6-7}=7$	$LS_{6-7}=7$	$TF_{6-7}=LS_{6-7}-ES_{6-7}=7-7=0$

注：⑤－⑥为虚工作，不存在时差，上述所计算 $TF_{5-6}=1$，说明存在 1 个公共时差可供紧前工作使用。

⑨关键线路的确定

在网络计划中总时差最小的工作称为关键工作，在网络图上一般用双线或粗线表示，关键工作连成自始至终的线路，就是关键线路。它是进行工程进度管理的重点。关键线路的特征在于：

a. 若合同工期等于计划工期时，关键线路上的工作总时差等于 0；

b. 关键线路是从网络计划起点节点到结束节点之间持续时间最长的线路；

c. 关键线路在网络计划中不一定只有一条，有时存在两条以上；

d. 关键线路以外的工作称非关键工作，如果非关键线路上的工作时间延长且超过它的总时差时，非关键线路就变成关键线路。

在工程进度管理中，应把关键工作作为重点来抓，保证各项工作如期完成，同时还要注意挖掘非关键工作的潜力，合理安排资源，节省工程费用。

（2）图上计算法

图上计算法就是根据分析计算法的计算公式，在图上直接计算的一种方法。此种方法必须在对分析计算法充分理解和熟练应用的基础上进行，边计算边将所得时间参数填入图中相应的位置上。由于比较直观、简便，所以手算一般都采用此种方法。

1）时间标注形式

双代号网络计划的图上计算法，根据所计算时间参数内容的不同，可以分为节点时间计算法和工作时间计算法两种标注形式，如图 4-20 所示。

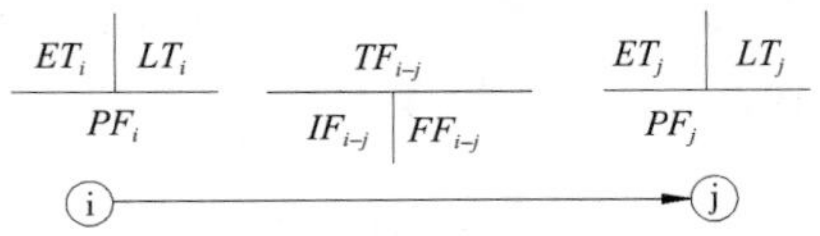

ET_i | LT_i　　TF_{i-j}　　ET_j | LT_j

PF_i　　IF_{i-j} | FF_{i-j}　　PF_j

ⓘ ⟶ ⓙ

图 4-20　双代号网络图计算标注形式

2）按节点计算法计算时间参数

①图上计算节点最早时间

起点节点：网络图中一般规定起点节点的最早时间为 0，把 0 标注在起点节点的左上方位置上，如图 4-21 中的 1 节点。

中间节点和终点节点：网络图中间节点和终点节点的最早时间可采用“沿线累加、逢圈取大”的计算方法，也就是从网络图的第一个节点起，沿着每条线路将各工作的作业时间累加起来，在每一个圆圈（即节点）处取到达该圆圈的各条线路累计时间的最大值，就是该节点的最早时间。将计算结果直接标注在相应的节点左上方，如图 4-21 所示。

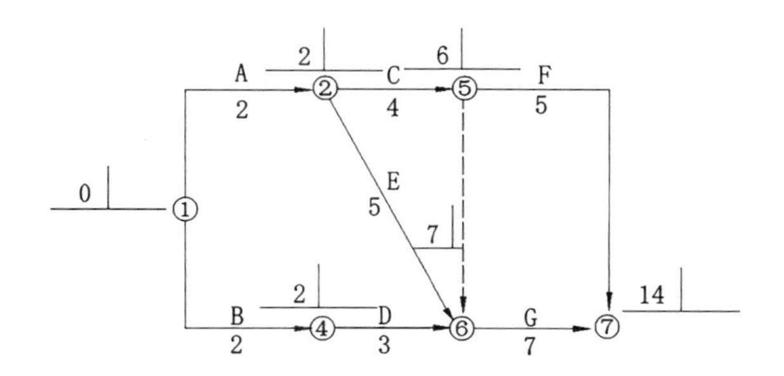

图 4-21　图上计算节点最早时间

②图上计算节点最迟时间

节点最迟时间的计算，是以网络图的终点节点逆箭头方向，从右到左逐个节点进行计算，并将计算的结果标注在相应节点右上方。

终点节点：当网络计划有规定工期时（计划工期＜要求工期），终点节点的最迟时间就等于规定工期。当没有规定工期时，终点节点的最迟时间等于终点节点的最早时间（计算工期）。

中间节点和起点节点：网络图中间节点和起点节点的最迟时间可采用“逆线累减、逢圈取小”的计算方法，也就是以网络图的终点节点 n 逆着每条线路将计划总工期依次减去各工作的作业时间，在每一圆圈上取其后续线路累减时间的最小值，就是该节点的最迟时间。将计算结果标注在相应节点的右上方，如图 4-22 所示。

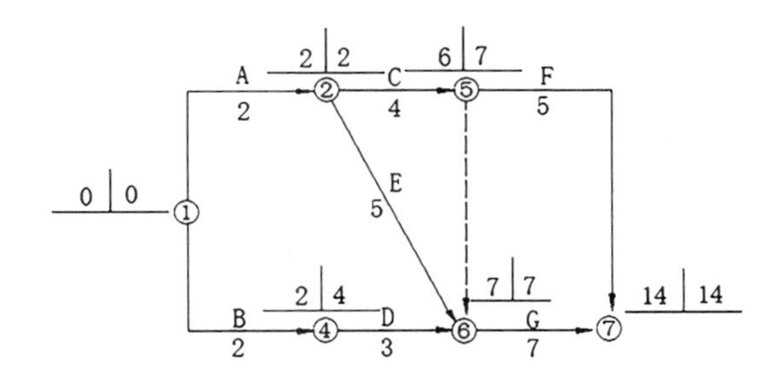

图 4-22　图上计算节点最迟时间

3）按工作计算法计算时间参数

【例 4-9】利用图上计算法，根据节点时间，计算图 4-19 所示网络图各工作时间参数。

【解】①图上计算工作最早开始时间

第一项工作的最早开始时间为零，其余工作的最早开始时间等于紧前工作最早开始时间加上紧前工作的作业时间，若紧前工作有两项以上者，应取其中大者作为本道工作最早开始时间，并将其标注在本箭线上方的第一行第一格内，如图 4-23 所示。

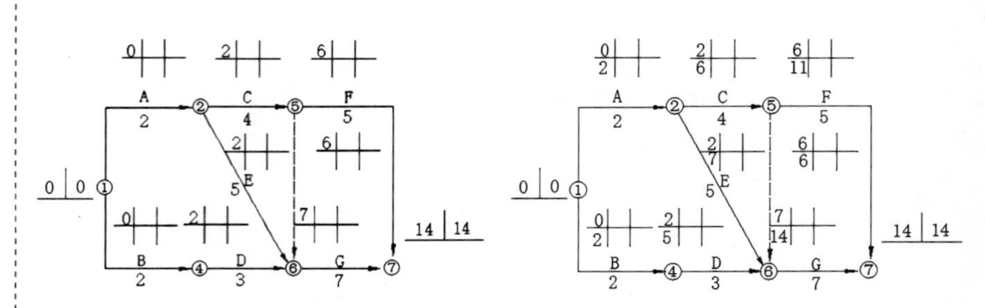

图 4-23 图上计算工作最早开始时间（左）

图 4-24 图上计算工作最早完成时间（右）

②图上计算工作最早完成时间

工作最早完成时间等于该工作最早开始时间与本工作作业时间之和，计算结果标注在箭线上方第二行第一格内，如图 4-24 所示。

③图上计算工作最迟完成时间

当工期无要求时，最后一项工作的最迟完成时间等于计算工期，其余工作的最迟完成时间等于紧后工作最迟完成时间减去紧后工作作业时间，若紧后工作有两项以上，应取其中小者作为本道工作最迟完成时间，并将其标注在箭线上方第二行第二格内，如图 4-25 所示。

④图上计算工作最迟开始时间

工作最迟开始时间等于该工作最迟结束时间减去本工作作业时间，计算结果标注在箭线上方第一行第二格内，如图 4-26 所示。

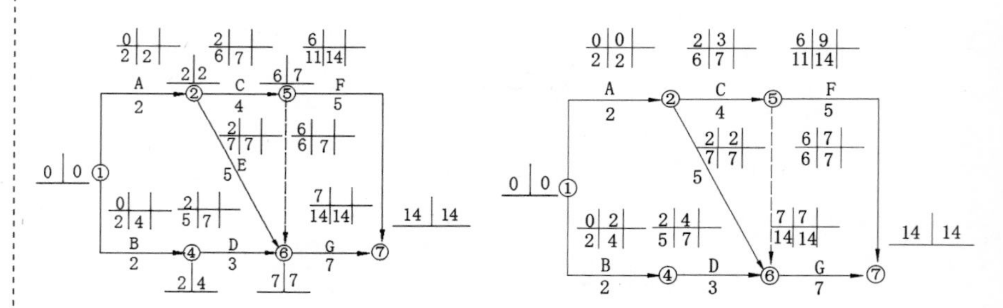

图 4-25 图上计算工作最迟完成时间（左）

图 4-26 图上计算工作最迟开始时间（右）

⑤图上计算工作自由时差

在工作计算法中，自由时差等于紧后工作的最早开始时间减去本道工作的最早完成时间，将其计算结果标注在箭线上方第二行第三格内，如图 4-27 所示。

⑥图上计算工作总时差

在工作计算法中，总时差等于本工作最迟开始时间减去本工作最早开始时间；或等于本工作最迟完成时间减去本工作最早完成时间。将其结果标注在第一行第三格内，如图 4-28 所示。

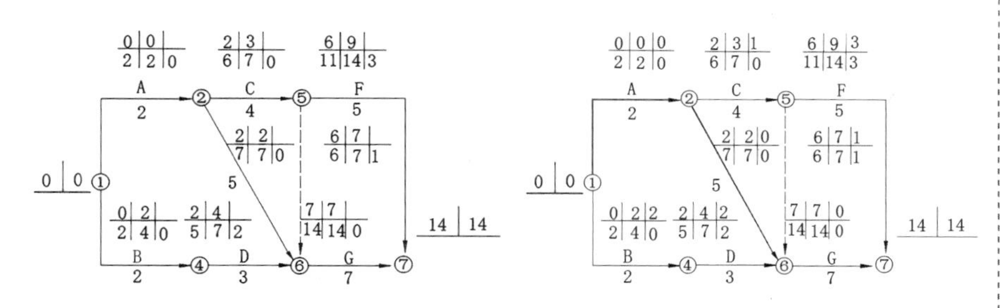

图 4-27 图上计算工作自由时差（左）
图 4-28 图上计算工作总时差（右）

⑦关键线路

图 4-28 中，总时差最小是零，因此该图中总时差为零的工作即为关键工作，用双线表示，由此而连成的线路为关键线路。

4.3 古建筑单代号网络计划

4.3.1 单代号网络图的概念

单代号网络计划是网络计划的另一种表示方法，它是用一个圆圈或方框代表一项工作，将工作代号、工作名称和完成工作所需要的时间写在圆圈或方框里面，箭线仅用来表示工作之间的顺序关系。用这种表示方法把一项计划中所有工作按先后顺序将相互之间的逻辑关系，从左至右绘制而成的图形，就叫单代号网络图，用这种网络图表示的计划叫作单代号网络计划。

图 4-29 为某单代号网络图的示例，图 4-30 所示是常见的两种单代号表示方法。

4.3.2 单代号网络图的基本要素

单代号网络图由节点、箭线、线路三个基本要素组成，如图 4-29 所示。

1） 节点

单代号网络图中每一个节点表示一项工作，宜用圆圈或矩形表示。节点所表示的工作名称、持续时间和工作代号均标注在节点内。如图 4-30 所示。

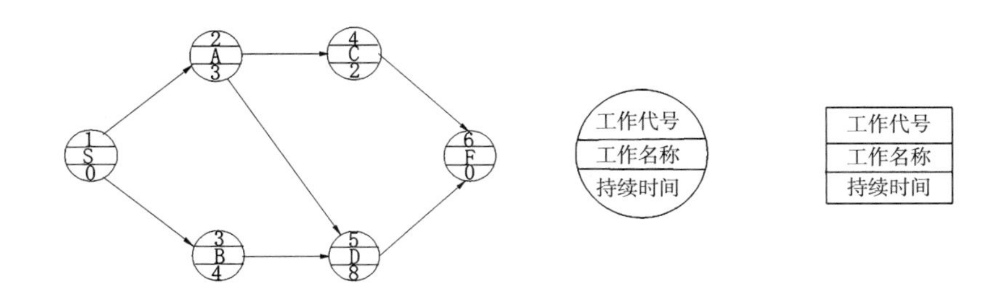

图 4-29 单代号网络图（左）
图 4-30 单代号的表示方法（右）

2）箭线

单代号网络图中，箭线表示紧邻工作之间的逻辑关系，如图 4–29 所示，箭线可画成水平直线、折线或斜线。箭线水平投影的方向自左向右，表示工作的进行方向。

3）线路

单代号网络图的线路同双代号网络图的线路的含义是相同的，即从网络计划起点节点到终点节点之间持续时间最长的线路叫关键线路。

4.3.3 单代号网络图的绘制

（1）正确表示各种逻辑关系

根据工程计划中各工作工艺、组织等逻辑关系来确定其紧前紧后顺序（表 4–12）。

（2）单代号网络图的绘图原则

1）必须正确表述已定的逻辑关系。

单代号网络图不同逻辑的表示方法　　表 4–12

序号	工作间的逻辑关系	单代号表示方法
1	A、B 两项工作，依次进行施工	
2	A、B、C 三项工作，同时开始施工	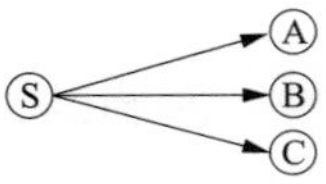
3	A、B、C 三项工作，同时结束施工	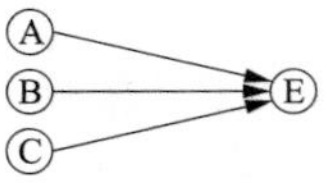
4	A、B、C 三项工作，A 完成之后，B、C 才能开始	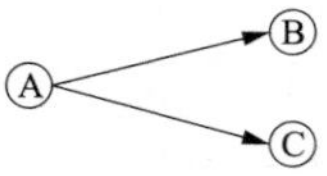
5	A、B、C 三项工作，C 工作只能在 A、B 完成之后开始	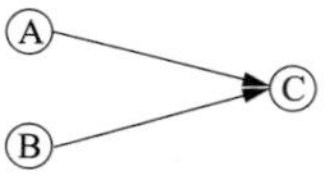
6	A、B、C、D 四项工作，当 A、B 完成之后，C、D 才能开始	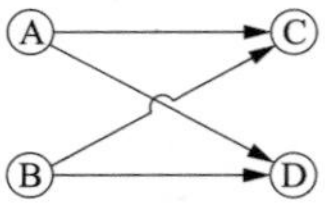

2）严禁出现循环回路。

3）严禁出现双向箭头或无箭头的连线。

4）严禁出现没有箭尾节点的箭线和没有箭头节点的箭线。

5）绘制网络图时，箭线尽量不要交叉，当交叉不可避免时，可采用过桥法或指向法绘制。

6）单代号网络图中只能有一个起点节点和一个终点节点，当网络图中有多个起点节点或多个终点节点时，应在网络图的两端分别设置一项虚工作，作为该网络图的起点节点（S_i）和终点节点（F_n）。

7）单代号网络图中的节点必须编号，编号标注在节点内，其号码可以跳号，但严禁重复。箭线的箭尾节点编号应小于箭头节点编号。

4.3.4 单代号网络计划时间参数的计算

单代号网络图的计算内容和时间参数的意义与双代号网络图基本相同，但计算步骤略有区别。单代号网络图时间参数共有 7 个，其内容包括：工作最早开始时间，工作最早完成时间，工作最迟开始时间，工作最迟完成时间，工作自由时差，工作总时差，前后工作的时间间隔。

二维码 单代号网络图时间参数的计算

计算单代号网络图时间参数的方法有分析计算法、图上计算法、表上计算法、矩阵计算法、电算法等，本节只介绍前两种计算法。

（1）分析计算法

单代号网络图的分析计算是按公式进行的，为了便于理解，计算公式采用下列符号。

1）常用符号

ES_i——i 工作的最早开始时间；

EF_i——i 工作的最早完成时间；

LS_i——i 工作的最迟开始时间；

LF_i——i 工作的最迟完成时间；

TF_i——i 工作的总时差；

FF_i——i 工作的自由时差；

LAG_{i-j}——相邻两项工作 i 和 j 之间的时间间隔。

2）各种时间参数的计算

①工作（或节点）的最早开始时间（ES_i）。工作 i 的最早开始时间应从网络图的起点节点开始，顺着箭线方向依次逐项计算，当起点节点 i 的最早开始时间 ES_i 无规定时，其值应等于零，其他工作的最早开始时间等于它的各紧前工作的最早完成时间的最大值。其计算公式如下：

$$ES_s=0\text{（起点节点）} \quad (4\text{–}23)$$

$$ES_i=\max\{EF_h\}\ (h<i) \tag{4-24}$$

或

$$ES_i=\max\ \{ES_h+D_h\} \tag{4-25}$$

式中　ES_h——工作 i 的各项紧前工作 h 的最早开始时间；

D_h——工作 i 的各项紧前工作 h 的持续时间。

②工作的最早完成时间（EF_i）。工作（或节点）的最早完成时间等于其最早开始时间和本工作作业时间之和。其计算公式如下：

$$EF_i=ES_i+D_i \tag{4-26}$$

$$T_c=EF_n\ (n\text{ 为终点节点}) \tag{4-27}$$

式中　T_c——网络计划计算工期。

③工作的最迟完成时间（LF_i）。工作（或节点）的最迟完成时间应从网络计划的终点节点开始，逆着箭线方向依次逐项计算。终点节点所代表的工作 n 的最迟完成时间 LF_n，应按网络计划的计划工期 T_p 确定。其他工作 i 的最迟完成时间等于其紧后工作最迟开始时间的最小值。其计算公式如下：

$$LF_n=T_p\ (T_p\text{ 为计划工期}) \tag{4-28}$$

$$LF_i=\min\ \{LS_j\}\ (i<j) \tag{4-29}$$

④工作的最迟开始时间（LS_i）。工作（或节点）的最迟开始时间等于其最迟完成时间减去本工作作业时间。其计算公式如下：

$$LS_i=LF_i-D_i \tag{4-30}$$

⑤相邻两项工作 i 和 j 之间的时间间隔（LAG_{i-j}）。工作 i 的最早完成时间与其紧后工作 j 的最早开始时间的差，称为工作 $i-j$ 之间的时间间隔，用 LAG_{i-j} 表示。其计算公式如下：

$$LAG_{j-n}=T_p-EF_i\ (n\text{ 为终点节点}) \tag{4-31}$$

$$LAG_{i-j}=ES_j-EF_i\ (\text{其他节点}) \tag{4-32}$$

⑥工作的自由时差（FF_i）。工作的自由时差是在不影响紧后工作最早开始时间的情况下，工作所具有的机动时间。自由时差等于紧后工作最早开始时间减去本工作最早结束时间，若紧后工作有两项以上，应取最小值。自由时差也可取该工作与紧后诸工作时间间隔的最小值。其计算公式如下：

$$FF_i=\min\{ES_j-EF_i\}\ (i<j) \tag{4-33}$$

$$FF_i=\min\ \{LAG_{i-j}\} \tag{4-34}$$

⑦工作的总时差（TF_i）。工作总时差是在不影响计划工期或不影响紧后工作最迟必须开始条件的情况下，工作所具有的机动时间。工作总时差等于工作的最迟开始时间减去工作的最早开始时间。

$$TF_i=LS_i-ES_i \tag{4-35}$$

【例 4-10】图 4-31 所示为某古建筑加固工程的工作过程，请使用单代号网络图，按上述公式计算各种时间参数，并标出关键线路。

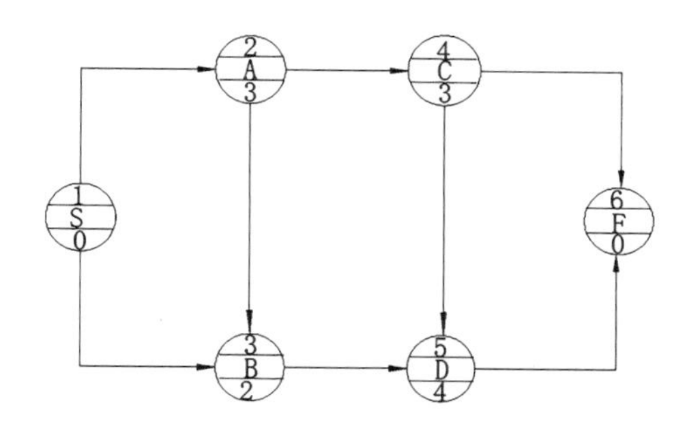

图 4-31　某古建筑加固工程的工作过程

【解】1）计算工作（或节点）的最早开始和最早完成时间。

按式（4-23）～式（4-27）计算，过程如表 4-13 所示。

2）计算工作（或节点）的最迟完成和最迟开始时间

假定工期等于计算工期，$T=T_c=EF_n=EF_6=ES_6=10$

$LS_6=ES_6=10$，按式（4-28）～式（4-30）计算，过程如表 4-14 所示。

3）计算 i–j 工作的间隔和工作的自由时差

按式（4-31）～式（4-34）计算，过程如表 4-15 所示。

4）计算工作的总时差

按式（4-35）计算，过程如表 4-16 所示。

工作（或节点）的最早开始和最早完成时间（d）　　表 4-13

工作名称	紧前工作的最早完成时间 EF_h	本工作的最早开始时间 ES_i=max$\{EF_h\}$	本工作持续时间 D_i	本工作最早完成时间 $EF_i=ES_i+D_i$
A	EF_1=0	$ES_2=EF_1$=0	3	EF_2=0+3=3
B	EF_1=0 EF_2=3	ES_3=max$\begin{Bmatrix}EF_1=0\\EF_2=3\end{Bmatrix}$=3	2	EF_3=3+2=5
C	EF_2=3	$ES_4=EF_2$=3	3	EF_4=3+3=6
D	EF_3=5 EF_4=6	ES_5=max$\begin{Bmatrix}EF_3=5\\EF_4=6\end{Bmatrix}$=6	4	EF_5=6+4=10
虚拟 F（终点节点）	EF_4=6 EF_5=10	ES_6=max$\begin{Bmatrix}EF_4=6\\EF_5=10\end{Bmatrix}$=10	0	EF_6=10+0=10

工作（或节点）的最迟完成和最迟开始时间（d） 表 4-14

工作名称	紧后工作 j 的最迟开始时间 LS_j	本工作 i 的最迟完成时间 $LF_i=\min\{LS_j\}$	本工作持续时间 D_i	本工作最迟开始时间 $LS_i=LF_i-D_i$
D	$LS_6=10$	$LF_5=LS_6=10$	4	$LS_5=10-4=6$
C	$LS_5=6$ $LS_6=10$	$LF_4=\min\begin{Bmatrix}LS_5=6\\LS_6=10\end{Bmatrix}=6$	3	$LS_4=6-3=3$
B	$LS_5=6$	$LF_3=LS_5=6$	2	$LS_3=6-2=4$
A	$LS_4=3$ $LS_3=4$	$LF_2=\min\begin{Bmatrix}LS_4=3\\LS_3=4\end{Bmatrix}=3$	3	$LS_2=3-3=0$
虚拟 F（终点节点）	$LS_3=4$ $LS_2=0$	$LF_1=\min\begin{Bmatrix}LS_3=4\\LS_2=0\end{Bmatrix}=0$	0	$LS_1=0-0=0$

i-j 工作（或节点）的时间间隔和自由时差（d） 表 4-15

工作名称	紧后工作 j 的最早开始时间 ES_j	本工作 i 的最早完成时间 EF_i	工作 $i-j$ 的时间间隔 $LAG_{i-j}=ES_j-EF_i$	本工作 i 的自由时差 $FF_i=\min\{LAG_{i-j}\}$
A	$ES_4=3$ $ES_3=3$	$EF_2=3$	$LAG_{2-3}=3-3=0$ $LAG_{2-4}=3-3=0$	$FF_2=0$
B	$ES_5=6$	$EF_3=5$	$LAG_{3-5}=6-5=1$	$FF_3=1$
C	$ES_5=6$ $ES_6=10$	$EF_4=6$	$LAG_{4-5}=6-6=0$ $LAG_{4-6}=10-6=4$	$FF=\min\begin{Bmatrix}LAG_{4-5}=0\\LAG_{4-6}=4\end{Bmatrix}=0$
D	$ES_6=10$	$ES_5=10$	$LAG_{5-6}=10-10=0$	$FF_5=0$

工作的总时差（d） 表 4-16

工作名称	本工作最迟开始时间 LS_i	本工作最早开始时间 ES_i	工作总时差 $TF_i=LS_i-ES_i$
A	$LS_2=0$	$ES_2=0$	$TF_2=0-0=0$
B	$LS_3=4$	$ES_3=3$	$TF_3=4-3=1$
C	$LS_4=3$	$ES_4=3$	$TF_4=3-3=0$
D	$LS_5=6$	$ES_5=6$	$TF_5=6-6=0$

5）寻求关键线路

总时差最小的工作为关键工作，关键工作连成的线路就是关键线路，本例题关键线路为 S → A → C → D → F，用双线表示。

（2）图上计算法

单代号网络图图上计算法是根据分析计算法的时间参数计算公式，在

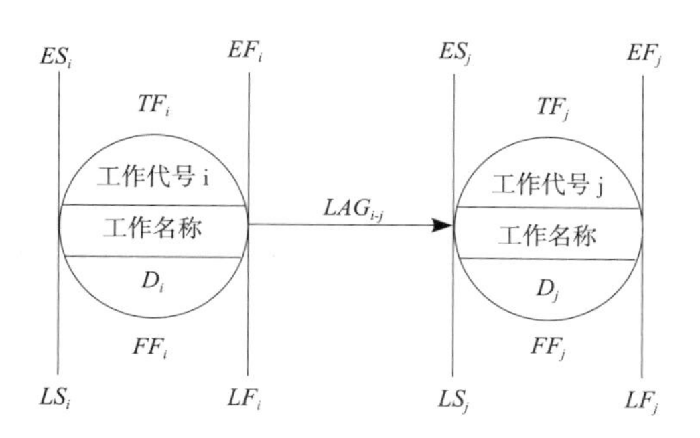

图 4-32 时间参数的标注方式

图上直接计算的方法。此种方法边计算边将所得时间参数按图 4-32 所示的方式标注，下面以前面同一案例改用图上计算法进行计算。

1）计算工作的最早开始时间和最早完成时间

①起点节点的最早开始时间为零，其余节点的最早开始时间均等于紧前工作的最早完成时间的最大者。

②每道工作的最早完成时间等于本道工作最早开始时间与本道工作作业时间之和。将上述计算结果标注在节点的左上方、右上方，如图 4-33 所示。

2）计算工作的最迟完成时间和最迟开始时间

假设终点节点的最迟完成时间等于计算工期，其余节点的最迟完成时间等于紧后工作最迟开始时间的最小者。每道工作的最迟开始时间等于本道工作最迟完成时间减去本道工作作业时间。将上述计算结果分别标注在节点的左下方和右下方，如图 4-34 所示。

3）计算 i–j 工作之间的时间间隔

前后两项工作之间的时间间隔等于后一项工作的最早开始时间减去前面一项工作的最早完成时间。将上述计算结果标注在两项工作之间的箭线的上方，如图 4-35 所示。

4）计算工作的自由时差

自由时差的定义是，在不影响紧后工作最早开始时间的条件下，工作

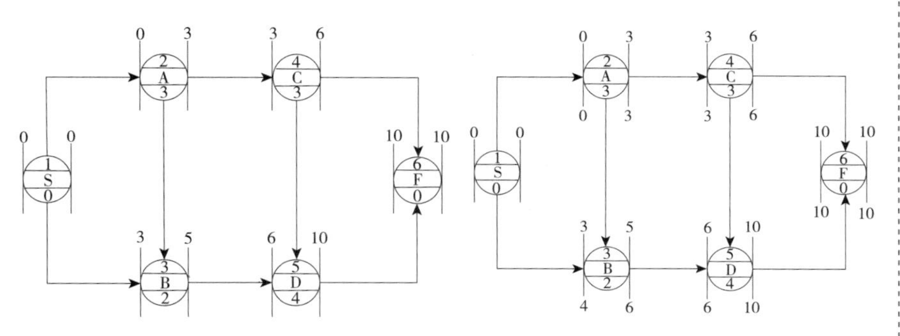

图 4-33 图上计算工作的最早开始和最早完成时间（左）

图 4-34 图上计算工作的最迟完成和最迟开始时间（右）

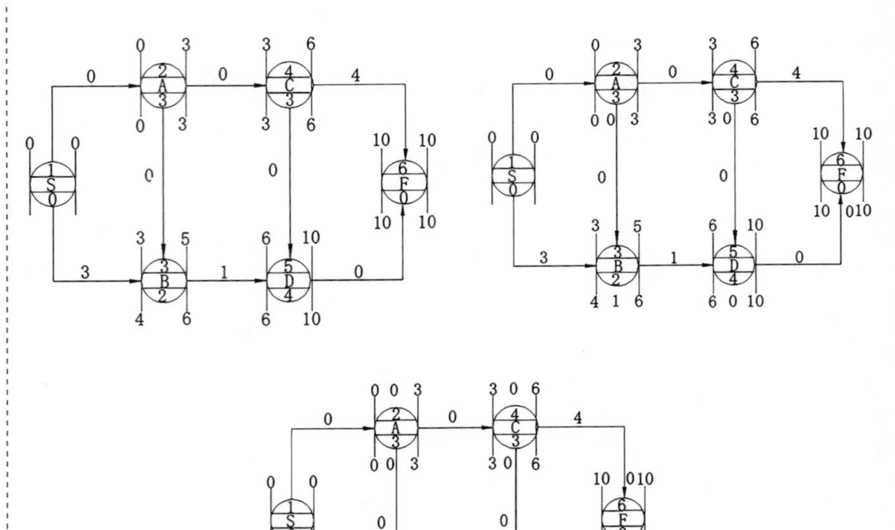

图 4-35　图上计算 i-j 工作之间的时间间隔（左）

图 4-36　图上计算工作的自由时差（右）

图 4-37　图上计算工作的总时差

所具有的机动时间。因此，任意一项工作的自由时差应取该工作与紧后工作时间间隔的最小值，将上述结果标注在节点的正下方，如图 4-36 所示。

5）计算工作的总时差

工作的总时差等于本道工作的最迟开始时间减去本道工作的最早开始时间，将其计算结果标注在节点的正上方，如图 4-37 所示。

6）确定关键线路

在图 4-37 中找出总时差最小的工作，就是关键工作。从起点节点到终点节点由关键工作连成的线路，就是关键线路，用粗线或双线标注。

4.4　古建筑双代号时标网络计划

4.4.1　双代号时标网络计划的编制

时间坐标网络计划是结合横道图时间坐标和网络计划的原理，吸取了二者的长处，使其结合应用的一种网络计划方法。时间坐标网络计划简称时标网络计划。

前面讲到的双代号、单代号网络图，均是非时标网络图，在非时标网络图中，工作持续时间由箭线下方标注的数字表明，而与箭线的长短无关。无坐标网络计划更改比较方便，但是由于没有时标，看起来不太直观，工地使用不方便，不能一目了然地在图上直接看出各项工作的开始和结束时间。为了克服非时标网络计划的上述不足，在实际使用过程中逐渐产生了时标网络计划。时标网络计划中箭线的长短和所在的位置即表示工作的时间长短与进程，因此它能够表达工程各项工作之间准确的时间关系。

（1）编制要点

1）箭线的长短与时间有关，双代号时标网络计划必须以水平时间坐标为尺度表示工作时间。时标的时间单位应根据需要在编制网络计划之前确定，可为时、天、周、月或季。

2）时标网络计划应以实箭线表示工作，以虚箭线表示虚工作，以波形线表示工作的时差。若按最早开始时间编制网络图，其波形线所表示的是工作的自由时差。

3）节点中心必须对准相应的时标位置。虚工作尽可能以垂直方式的虚箭线表示，若按最早开始时间编制，有时出现虚箭线占用时间的情况，其原因是工作面停歇或班组工作不连续。

4）时标网络图可直接在坐标下方绘出资源动态图。

5）时标网络图不会产生闭合回路。

（2）编制方法

时标网络计划可按最早时间编制，也可按最迟时间编制，考虑到安排计划宜早不宜迟，因此通常采用按最早时间编制。按最早时间编制时标网络计划的方法有直接绘制法和间接绘制法两种。

1）直接绘制法

直接绘制法是不计算网络时间参数，直接在时间坐标上进行绘图的方法。其编制步骤和方法如下：

①定坐标线：编制时标网络计划之前，应先按已确定的时间单位绘出时标计划表。时标可标注在时标计划表的顶部或底部，时标的长度单位必须注明。必要时，可在顶部时标之上或底部时标之下加注日期的对应时间。时标计划表中部的刻度线宜为细线，为使图面清楚，此线也可以不画或少画。时标计划表格式宜基本符合表4-17的规定。

②将起点定位于时标计划表的起始刻度线上。

时标计划表　　**表4-17**

日历										
时间单位	1	2	3	4	5	6	7	8	9	10
网络计划										
时间单位	1	2	3	4	5	6	7	8	9	10

③按工作持续时间在时标计划表上绘制起点节点的外向箭线。

④除起点节点以外的其他节点，必须在其所有内向箭线绘出以后，定位在这些内向箭线中完成时间最迟的那根箭线末端。其他内向箭线长度不足以到达该节点时，用波形线补足，波形线长度就是时差的大小。

⑤用上述方法从左至右依次确定其他节点位置，直至终点节点定位绘完。箭线尽量以水平线表示，以斜线和垂直线辅助表示。

⑥工艺上或组织上有逻辑关系的工作，要用虚箭线表示。若虚箭线占用时间，说明工作面停歇或人工窝工。

2）间接绘制法

间接绘制法是先计算网络计划时间参数，再根据时间参数在时间坐标上进行绘制的方法。

其步骤如下：

①绘制无时标网络计划草图，计算时间参数，确定关键工作及关键线路。

②根据需要确定时间单位并绘制时标横轴。时间可标注在时标网络图的顶部或底部，时标的长度单位必须注明。

③根据网络图中各节点的最早时间（或各工作的最早开始时间），从起点节点开始将各节点（或各工作的开始节点）逐个定位在时间坐标的纵轴上。

④依次在各节点绘出箭线长度及时差。绘制时宜先画关键工作、关键线路，再画非关键工作。箭线最好画成水平或由水平线和竖直线组成的折线箭线，以直接表示其持续时间。如箭线画成斜线，则以其水平投影长度为其持续时间。如箭线长度不够与该工作的终点节点直接相连，则用波形线从箭线端部画至终点节点处。波形线的水平投影长度，即为该工作的时差。

二维码　双代号时标网络图的绘制

⑤用虚箭线连接其工艺和组织逻辑关系。在时标网络计划中，有时会出现虚线的投影长度不等于零的情况，其水平投影长度为该虚工作与前、后工作的公共时差，可用波形线表示。

⑥把时差为零的箭线从起点节点到终点节点连接起来，并用粗线或双箭线或彩色箭线表示，即形成时标网络计划的关键路线。

4.4.2　关键线路和时间参数的确定

（1）关键线路

自终点节点逆箭线方向至起点节点，自始至终不出现波形线的线路为关键线路。

（2）工期

时标网络计划的计算工期，应是其终点节点与起点节点所在位置的时标值之差。

（3）时间参数

1）最早开始时间（*ES*）：箭尾节点所对应的时标值。

2）最早完成时间（*EF*）：若实箭线抵达箭头节点，则最早完成时间就是箭头节点的时标值；若实箭线未抵达箭头节点，则其最早完成时间为实箭线末端所对应的时标值。

3）自由时差（*FF*）：波形线的水平投影长度即为该工作的自由时差。

4）总时差（*TF*）：自右向左进行，其值等于诸紧后工作的总时差加本工作与诸紧后工作的时间间隔之和的最小值。

5）最迟开始时间（*LS*）：工作的最早开始时间加上其总时差。

6）最迟完成时间（*LF*）：工作的最早完成时间加上其总时差。

4.4.3 双代号时标网络计划的绘制实例

【例 4-11】图 4-38 所示为某混凝土仿古建筑梁板柱整体浇筑施工过程的双代号网络计划，请改绘成双代号时标网络计划，并确定关键线路（用粗箭线表示）和工期 T_c。

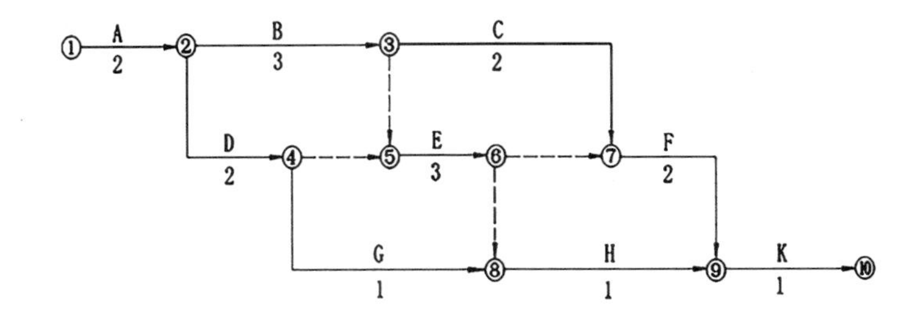

图 4-38 某工程施工网络计划图

【解】绘制步骤如下。

第一步：将起点节点①定位在时标计划表的零刻度上，表示 A 工作的最早开始时间，A 工作的持续时间为 2d，定位节点②。因节点②与节点③、④之前均只有一条箭线，无自由时差，按 B 和 D 的持续时间 3d 和 2d 可定位节点③和④，虚箭线④→⑤不占用时间，要绘成垂直线，长度不足以到达节点⑤，用波形线表示 1d 的自由时差。虚箭线③→⑤无时差，直接用垂直虚箭线连接节点③和⑤。节点⑥之前只有一项实工作 E，持续时间 3d，可直接连接节点⑤和⑥。节点⑧之前有节点⑥和④，⑥→⑧为虚工作，垂直虚线无时差，可定位节点⑧，连接⑥和⑧。节点④之后 G 工作持续时间为 1d，自由时差有 3d，用波形线连接至节点⑧。节点⑦定位由节点⑥确定，说明虚工作⑥→⑦无自由时差，用垂直虚线连接节点⑥和⑦。C 工作的持续时间为 2d，用波形线补足 1d 才到达节点⑦。节点⑨之前 F 工作和 H 工作，持续时间分别为 2d 和 1d。所以，节点⑨的定位应由节点⑦即 F 工作的持续时间来确定。H 工作有 1d 时差，用波形线连接到达节点⑨。终点节点定位直接由 K 工作持续时间 1d 确定。终点节点定位后，双代号时标网络计划绘制完成，如图 4-39 所示。

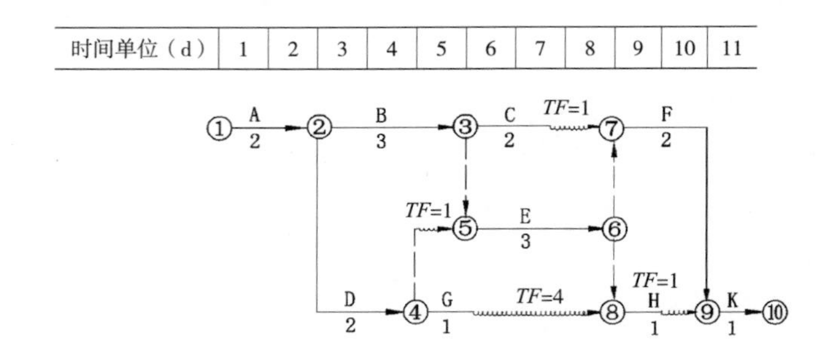

图 4-39　双代号时标网络计划（按最早时间开始绘制）

第二步：自终点节点回逆箭线方向朝起点节点①检验，始终不出现波形线的只有一条①→②→③→⑤→⑥→⑦→⑨→⑩，为关键线路，并用粗线表示。

第三步：双代号时标网络计划的计算工期 T_C=11−0=11d。

第四步：波形线在坐标轴上的水平投影长度，即为该工作的自由时差。

第五步：工作的总时差按公式判定，其值标注在相应的箭线上。

4.5　古建筑网络计划的优化

4.5.1　工期优化

（1）工期优化的基本定义

1）工期优化是压缩计算工期，以达到要求工期目标，或在一定约束条件下使工期最短的过程。

2）工期优化一般通过压缩关键工作的持续时间来达到优化目标。

3）在优化过程中，要注意不能将关键工作压缩成非关键工作，但关键工作可以不经压缩而变成非关键工作。

4）在优化过程中，当出现多条关键线路时，必须将各条关键线路的持续时间压缩同一数值，否则不能有效地将工期缩短。

（2）工期优化的步骤和方法

1）找出网络计划中的关键线路并求出计算工期。一般可用标号法确定出关键线路及计算工期。

2）按要求工期计算应缩短的时间（ΔT）。应缩短的时间等于计算工期与要求工期之差。即

$$\Delta T=T_C-T_r \tag{4-36}$$

3）选择应优先缩短持续时间的关键工作（或一组关键工作）。选择时应考虑下列因素：

①缩短持续时间对质量和安全影响不大的工作；

②有充足备用资源的工作；

③缩短持续时间所需增加的费用最少的工作。

4）将应优先缩短的关键工作压缩至最短持续时间，并找出关键线路。若被压缩的关键工作变成了非关键工作，则应将其持续时间再适当延长，使之仍为关键工作。

5）若计算工期仍超过要求工期，则重复以上步骤，直到满足工期要求或工期已不能再缩短为止。

6）当所有关键工作或部分关键工作已达最短持续时间而寻求不到继续压缩工期的方案但工期仍不能满足要求时，应对计划的原技术、组织方案进行调整，或对要求工期进行重新审定。

4.5.2 资源优化

（1）资源优化的意义和目的

1）意义：一项计划要按期完成往往会受到资源的限制，在完成任务的计划中，还需要考虑实现这项计划的客观物质条件。一项好的工程计划安排，一定要合理地使用现有的资源。如果工作进度安排得不得当，就会使正在计划的某些阶段出现对资源需求的高峰，而在另一些阶段出现资源需求低谷。这种高峰与低谷的存在是资源没有得到充分利用的浪费现象。

2）目的：合理地安排工作进度，解决资源的供需矛盾以及实现资源的均衡利用。

在经济社会发展中，我们也要学会平衡资源利用和发展之间的关系，既要满足经济发展的合理需求，也要提高资源的集约利用水平，限制资源过度利用的不合理行为。

（2）资源优化的方法

1）工期限定，使资源消耗均衡

目标：在工期限定的条件下，合理安排工作进度，实现资源的均衡利用。

优化步骤如下：

①绘制时标网络图；

②绘制资源图；

③求资源高峰值、平均值以及不均衡系数 k；

④调整各工序的开竣工时间，使物资供应均衡；

⑤计算调整后的资源高峰值、平均值、不均衡系数 k；

⑥绘制调整后的网络计划图。

2）资源有限，使工期最短

目标：在资源有限的情况下安排工作进度，力求使工期增加最少。

优化步骤如下：

①绘制时标网络图；

②绘制资源需要量图；

③找出超过规定值的时间；

④调整相关工序的开竣工时间，使满足资源限制的条件，而工期又为最短；

⑤绘制调整后的网络计划图。

4.5.3 费用优化

（1）费用优化的概念

费用优化又称工期成本优化，是指寻求工程总成本最低时的工期安排，或按要求工期寻求最低成本的计划安排过程。

（2）费用优化的方法与步骤

1）按工作正常持续时间画出网络计划，找出关键线路、工期、总费用；

2）计算各工作的直接费用率 ΔC_{i-j}；

3）压缩工期；

4）计算压缩后的总费用：

$$C^{T\prime}=C^{T}+\Delta C_{i-j}\times\Delta T_{i-j}-\text{间接费用率}\times\Delta T_{i-j} \tag{4-37}$$

式中 $C^{T\prime}$——压缩后总费用；

C^{T}——压缩前总费用；

ΔT_{i-j}——工作 $i-j$ 被压缩的天数。

5）重复3）、4）步骤，直至总费用最低。

（3）压缩工期时的注意事项

1）压缩关键工作的持续时间；

2）不能把关键工作压缩成非关键工作；

3）选择直接费用率或其组合（同时压缩几项关键工作时）最低的关键工作进行压缩，且其值不应大于间接费用率。

4.6 古建筑网络计划的调整

（1）网络计划调整的内容

网络计划调整的内容包括：关键线路长度的调整；非关键工作时差的调整；增减工作项目；调整逻辑关系；重新估计某些工作的持续时间；对资源的投入作相应调整。

（2）网络计划调整的方法

1）关键线路长度的调整

调整关键线路的长度可以针对不同情况采用不同方法。

①当关键工作的实际进度比计划进度提前时，有两种调整方法：若需要提前工期时应将计划的未完成部分作为一个新计划，重新确定关键工作的持续时间，按新计划实施。若不需要提前工期时应选用资源占用量大或直接费高的后续关键工作，适当延长其持续时间，以降低其资源强度或费用。

②关键工作的实际进度比计划进度拖后时，应在未完成的关键工作中选择资源强度小或费用低的工作，缩短其持续时间，并把计划的未完成部分作为一个新计划，进行调整。

2）非关键工作时差的调整

非关键工作时差的调整在其时差范围内进行。每次调整均必须重新计算时间参数，观察该项调整对整个网络计划的影响。调整时可在下述方法中选择：

①将工作在其最早开始时间与其最迟完成时间范围内移动；

②缩短工作的持续时间；

③延长工作的持续时间。

3）逻辑关系的调整

若实际情况要求改变施工方法或组织方法时，可以进行逻辑关系的调整。调整时应避免影响原定计划工期和其他工作的顺利进行。

4）持续时间的调整

发现某些工作的原持续时间估计有误或实现条件不充分时，应重新估算其持续时间和时间参数，尽量使原计划工期不受影响。

5）增减工作

增减工作应做到不打乱原计划的逻辑关系，只对局部逻辑关系进行调整；在增减工作以后应重新计算时间参数；分析对原网络计划的影响。当对工期有影响时，应采取调整措施，保证计划工期不变。

6）资源的调整

若资源供应发生异常，应采用资源优化的方法对计划进行调整，或采取应急措施，使其对工期影响最小。

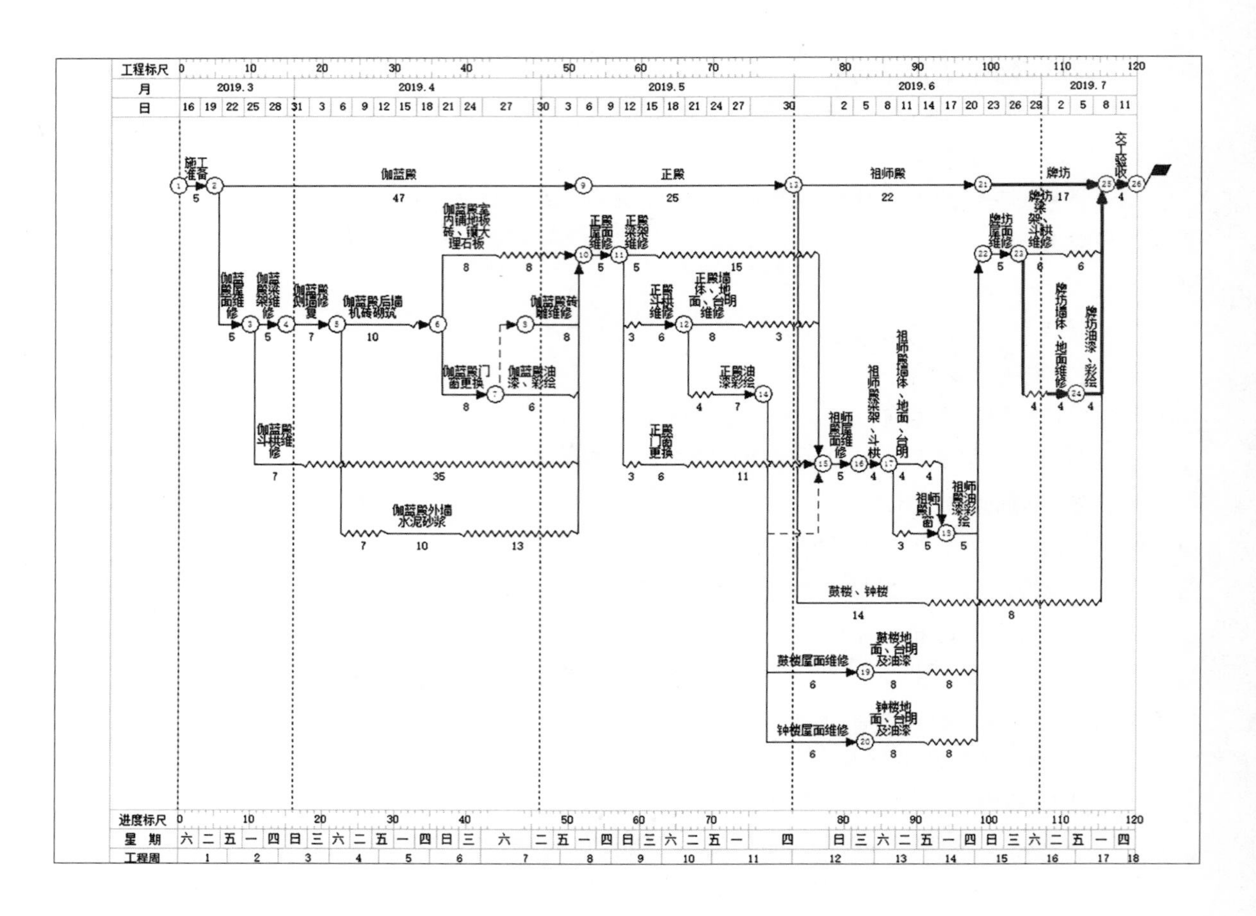

图 4-40　某古寺庙典型整体修复工程施工网络图

延伸知识：

1. 某古寺庙典型整体修复工程施工网络图

将第 3 章中的某古寺庙典型整体修复工程流水施工横道图进行转换，厘清逻辑制约关系，可得该修复工程的网络图（图 4-40）。

2. 网络计划在工期奖罚中的应用

某古建筑加固工程合同约定：合同工期 33d，施工单位每提前 1d 完成，奖励 15 万元，每延误 1d 完成，罚款 15 万元。施工单位在开工前编制了施工计划，如图 4-41 所示，得到了监理工程师批准。

在合同履行过程中，发生了如下事件：由于不可抗力，造成 F 工作延长了 2d 才完成施工作业，施工单位及时向建设单位提出了工期索赔要求。

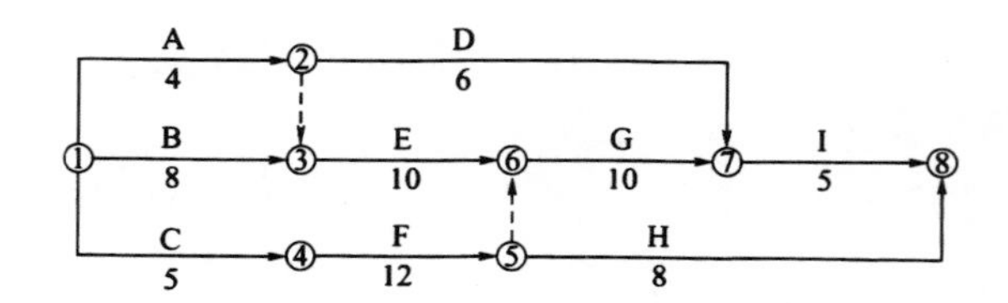

图 4-41　施工计划图

（1）指出原网络计划关键线路、计划工期是否满足合同要求？

（2）针对事件，施工单位提出工期索赔是否成立？索赔工期是多少？

（3）实际工期是多少？相对原网络计划，实际关键线路是否发生改变？

（4）施工单位受到的工期罚款是多少？

分析：

（1）原网络计划关键线路是①→③→⑥→⑦→⑧，计划工期 =33d，满足合同要求。

（2）针对事件，施工单位提出的工期索赔成立。

理由：不可抗力导致的工期延长应由建设单位承担，且 F 工作的总时差为 1d，小于 2d，因此工期索赔成立，索赔工期 2−1=1d。

（3）实际关键线路是①→④→⑤→⑥→⑦→⑧，相对于计划关键线路已经改变。

实际工期为 34d。

（4）索赔后合同工期 =1+33=34d

实际工期 = 索赔后合同工期 =34d

施工单位得到的工期奖励应为 0，工期罚款也应为 0。

3. 网络计划在实际使用过程中可采取的优化流程图（图 4−42）。

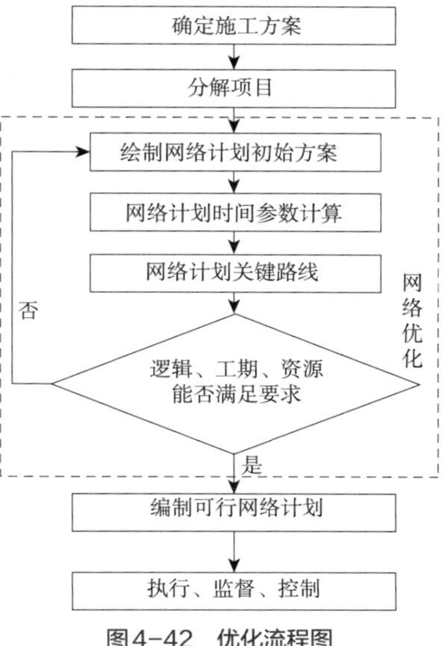

图 4−42　优化流程图

章节检测

一、单项选择题

1. 双代号网络图和单代号网络图的最大区别是（　　）。

A. 节点编号不同　　B. 表示工作的符号不同

C. 使用范围不同　　D. 参数计算方法不同

2. 双代号网络图中的虚工作（　　）。

A. 不占用时间，但消耗资源　　B. 不占用时间，不消耗资源

C. 既占用时间，又消耗资源　　D. 占用时间，不消耗资源

3. 在双代号网络图中，工序开始或结束时间应注在（　　）。

A. 箭杆上面　　B. 圆圈内

C. 箭杆下面　　D. 箭杆上、下均可

4. 双代号网络计划中，实箭线表示（　　）。

A. 实工作　　B. 虚工作

C. 工作的开始　　D. 工作的结束

5. 有关单代号网络图的说法，错误的是（　　）。

A. 按照已定的逻辑关系顺序绘图

B. 图中不允许有循环回路

C. 节点间严禁使用无箭头的线段连接

D. 每个节点必定代表一项实际工作

6. 在工程网络计划中判别关键工作的条件是（　　）。

A. 自由时差最小　　B. 总时差为零

C. 持续时间最长　　D. 自由时差为零

7. 在工程网络计划中，工作的最早开始时间应为其所有紧前工作（　　）。

A. 最早完成时间的最大值　　B. 最早完成时间的最小值

C. 最迟完成时间的最大值　　D. 最迟完成时间的最小值

8. 某仿古建筑施工中，弓形横木制作之后有3项紧后工作，其持续时间分别为4d、5d、6d；其最迟完成时间分别为18d、16d、14d，则弓形横木制作的最迟完成时间是（　　）。

A. 14d　　B. 11d　　C. 8d　　D. 10d

9. 某古建筑屋面小青瓦铺设工作网络计划中，屋脊铺设工作有两项紧后工作，这两项紧后工作的最早开始时间分别为第15天和第18天，屋脊铺设工作的最早开始和最迟开始时间分别为第6天和第9天。如果屋脊铺设工作的持续时间为9d，则（　　）。

A. $TF=3$，$FF=0$　　B. $TF=2$，$FF=0$

C. $TF=2$，$FF=2$　　D. 无法计算

10. 在工程网络计划执行过程中，若某项工作比原计划拖后，但拖后的时间未超过该工作的自由时差时，则（　　）。

A. 不影响后续工作和总工期　　B. 不影响后续工作，但影响总工期

C. 影响后续工作，但不影响总工期　　D. 影响后续工作和总工期

二、判断题

1. 采用网络图表达施工总进度计划，便于对进度计划进行调整、优化，统计资源数量。（　　）

2. 双代号网络图中的虚工作起着联系、区分、断路等三个作用。（　　）

3. 两关键节点之间的工作不一定是关键工作。（　　）

4. 在网络计划执行过程中，如果某关键工作的完成时间推迟3d，则工程总工期也必推迟3d。（　　）

5. 在网络计划中当某项工作使用了全部或部分总时差时，则将引起通过该工作的线路上所有工作总时差重新分配。（　　）

6. 单代号网络图与双代号网络图并无本质区别，只是表达方式不同。(　　)

7. 计算网络计划时间参数的目的就是确定总工期，做到工程进度心中有数。(　　)

三、计算题

1. 某大型重檐攒尖顶式仿古建筑施工包括 8 项工作，分别简化为 A、B、C、D、E、F、G、H，根据表 4–18 数据，绘制双代号网络图，并指出关键线路和工期。

某大型重檐攒尖顶式仿古建筑施工工序及时间表（d）　　表 4–18

工序	A	B	C	D	E	F	G	H
紧前工作	—	A	A	A	B、C、D	B	D	E、F、G
工序时间	4	6	9	6	3	7	6	2

2. 某寺庙古建筑装饰施工项目包括 11 项工序，分别简化为 A、B、C、D、E、F、G、H、I、J、K，已知各工序顺序关系和工序时间如表 4–19 所示，试绘制单代号网络图，并指出关键线路和工期。

某寺庙古建筑装饰施工项目工序及时间表（d）　　表 4–19

工序	A	B	C	D	E	F	G	H	I	J	K
紧前工作	—	A	A	B	B	C、D	E	E	F、G	A	H、I、J
工序时间	4	6	9	6	3	6	4	8	4	8	2

3. 把图 4–43 所示某古塔加固施工的双代号网络图改绘成时标网络计划。

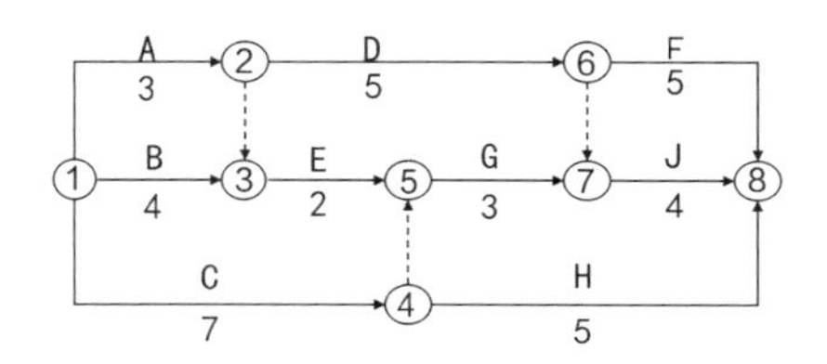

图 4–43　某古塔加固施工双代号网络图

4. 计算图 4–44 所示某古建筑施工双代号网络图中各工作的时间参数。

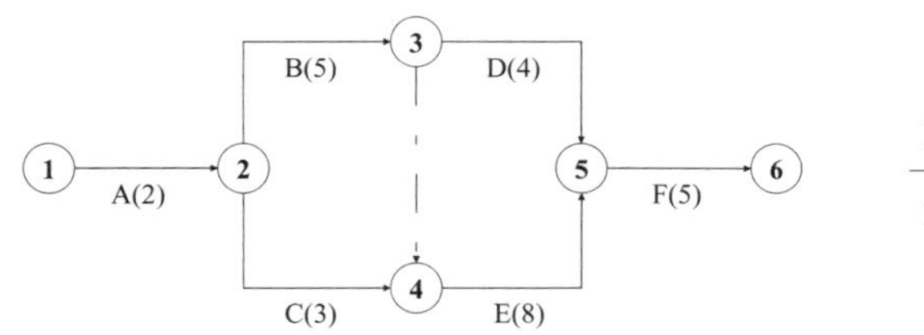

ES	LS	TF
EF	LF	FF

图 4–44　某古建筑施工双代号网络图

5

Gujianzhu Shigong Zuzhi Zongsheji

古建筑施工组织总设计

学习目标：

1. 了解古建筑施工组织总设计的作用、编制程序、编制依据及组成内容。
2. 掌握工程概况、施工部署的撰写内容。
3. 能够熟练掌握施工总进度计划的编制步骤。
4. 能够根据总进度计划制订施工准备及总资源需用量计划。
5. 明确施工方案和施工措施的撰写方法及撰写内容。
6. 掌握施工总平面布置图的设计内容及设计步骤。

导读：

施工组织设计是开工前对整个建设项目全过程施工的构想，也是开工后项目组织施工开展的重要依据，是整个建设项目实施的大纲性文件。如何编制一份科学、协调、合理的古建筑施工组织总设计，需要我们带着以下问题：古建筑施工组织总设计按怎样的程序来编？要编写哪些内容？围绕实际项目如何清楚地撰写工程概况和施工部署？如何归纳并掌握“一表一案一图”（进度计划表、施工方案、平面布置图）三大核心内容的编制内容和实现步骤？请对本章内容展开细致耐心的学习。

本章知识体系思维导图：

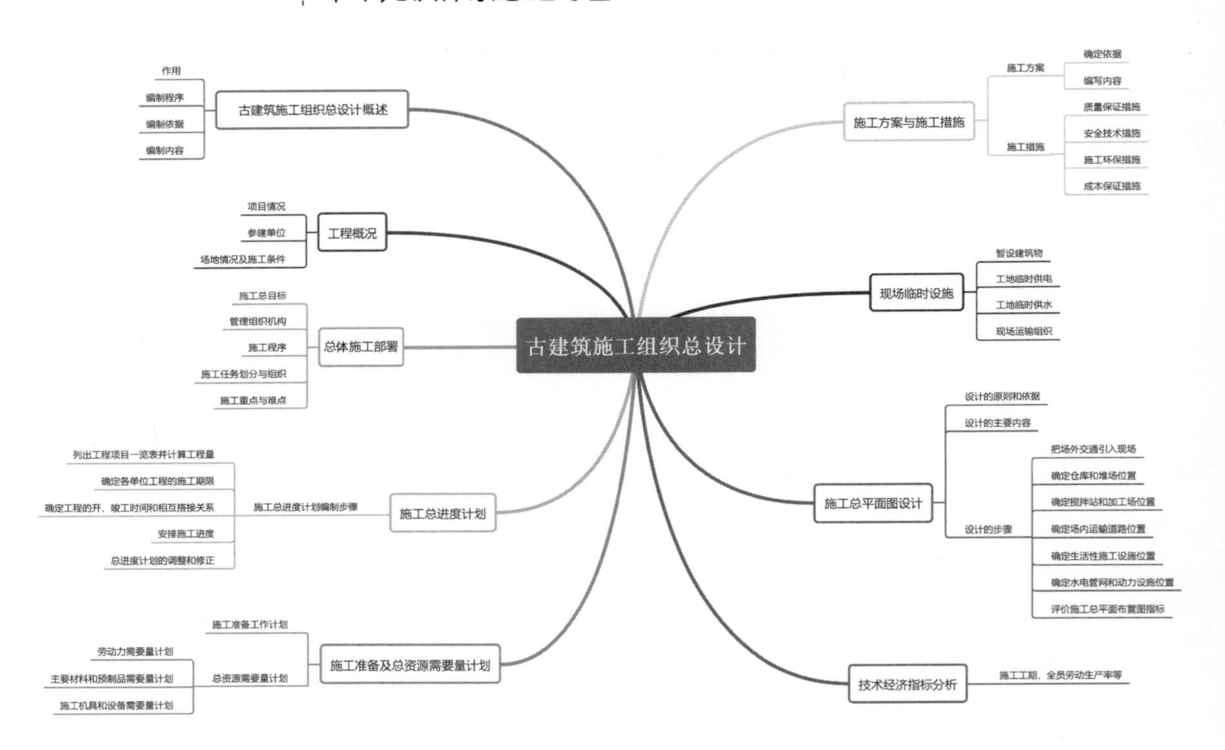

5.1 古建筑施工组织总设计概述

5.1.1 古建筑施工组织总设计的作用

古建筑施工组织总设计是以一个古建筑建设项目或建筑群为对象，根据初步设计或扩大初步设计图以及其他有关资料和现场施工条件编制，用以指导整个施工现场各项施工准备工作和组织施工活动的技术经济文件。一般由总承包单位的总工程师主持编制。其主要作用是：

(1) 为古建筑建设项目或建筑群的施工作出全局性的战略部署。
(2) 为做好施工准备工作、保证资源供应提供依据。
(3) 为建设单位编制工程建设计划提供依据。
(4) 为施工单位编制施工计划和单位工程施工组织设计提供依据。
(5) 为组织项目施工活动提供合理的方案和实施步骤。
(6) 为确定设计方案的施工可行性和经济合理性提供依据。

5.1.2 古建筑施工组织总设计编制程序

见图 5-1。

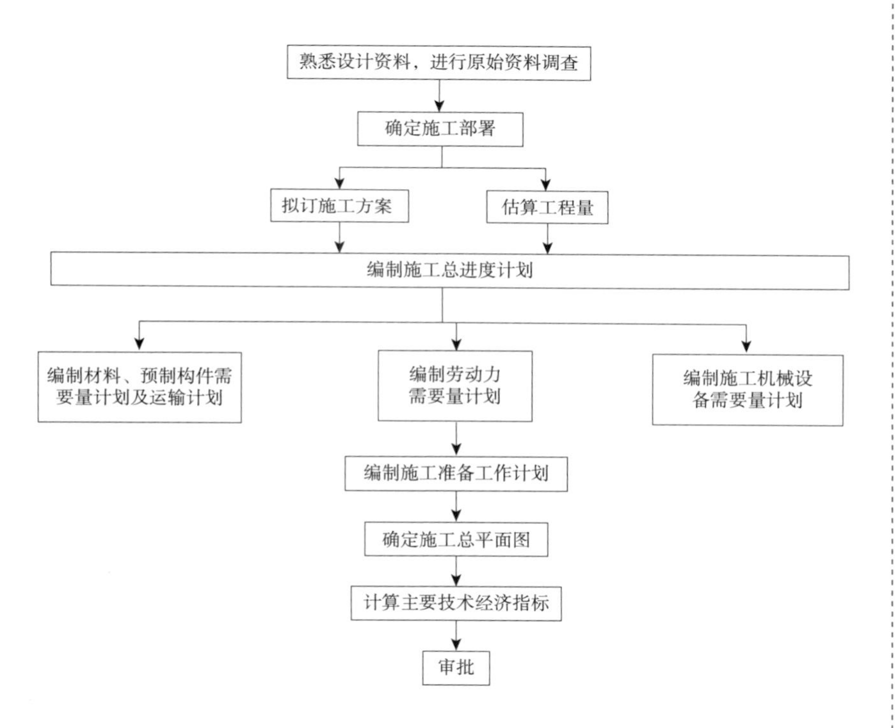

图 5-1 施工组织总设计编制程序

5.1.3 古建筑施工组织总设计编制依据

为了保证施工组织总设计的编制工作顺利进行并提高编制质量，使设计文件更能结合工程实际更好地发挥施工组织总设计的作用，在编制施工组织总设计前，应考虑下列编制依据：

1）建设项目基础文件：包括建设项目可行性研究报告及其批准文件，建设项目规划红线范围和用地批准文件，建设项目勘察设计任务书、图纸和说明书，建设项目初步设计或技术设计批准文件，设计图纸和说明书，单位工程项目一览表，分期分批投产的要求，投资指标和设备材料订货指标，建设项目总概算、修正总概算或设计总概算，建设项目施工招标文件和工程承包合同文件，建设地点所在地区主管部门的批件。

2）工程建设政策、法规和规范资料：包括关于工程建设报建程序的有关规定，关于动迁工作的有关规定，关于工程项目实行建设监理的有关规定，关于工程建设管理机构资质管理的有关规定，关于工程造价管理的有关规定，关于工程设计、施工和验收的有关规定。

3）建设地区原始调查资料：包括地区气象资料，工程地形、工程地质和水文地质资料，地区交通运输能力和价格资料，地区建筑材料、构配件和半成品供应状况资料，地区进口设备和材料到货口岸及其转运方式资料，地区供水、供电、供热能力和价格资料，其他地区性条件等。

4）类似施工项目经验资料：包括类似施工项目成本控制资料，类似施工项目工期控制资料，类似施工项目质量控制资料，类似施工项目安全环保控制资料，类似施工项目技术新成果资料，类似施工项目管理新经验资料。

5.1.4 古建筑施工组织总设计编制内容

（1）工程概况

1）项目性质、规模、建设地点、结构特点、建设期限、分批交付使用的条件、合同条件；

2）本地区地形、地质、水文和气象情况；

3）施工力量、劳动力、机具、材料、构件等资源供应情况；

4）施工环境及施工条件等。

（2）施工部署及施工方案

1）全面部署施工任务，合理安排施工顺序，确定主要工程的施工方案；

2）通过技术经济评价，选择最佳方案。

（3）施工进度计划

1）最佳施工方案在时间上的安排，使工期、成本、资源等方面达到优化配置，符合项目目标的要求；

2）编制相应的人力和时间安排计划、资源要求计划和施工准备计划。

（4）施工准备工作计划及各项资源需要量计划

具体内容见本教材第 2 章。

（5）施工平面图

合理的布置能使整个施工现场有组织地进行文明施工。

（6）主要技术经济指标

用以衡量组织施工的水平，对技术经济效益进行全面评价。

5.2 工程概况

施工组织总设计中的“工程概况”是总说明部分，是对拟建古建筑项目或建筑群所作的简单扼要、突出重点的文字介绍。一般用于描述建设项目的主要情况和主要施工条件，如建设场地特点、建设地区特征、建设项目工程承包合同目标及其他内容。有时为了补充文字介绍的不足，还可以附有建设项目总平面图，主要建筑的平面、立面、剖面示意图及辅助表格。

5.2.1 建设项目主要情况及各参建单位

（1）建设项目主要情况

主要说明：建设项目名称、性质、使用功能和建设地点、占地总面积和建设总规模，分期分批投入使用的项目和工期、建安工作量和设备安装总吨数、生产工艺流程及其特点，以及每个单项工程占地面积、建筑面积、建筑层数、主要建筑装饰用料、建筑结构类型特征、建筑抗雷设防烈度、主要建筑结构材料使用情况，新技术、新材料、新工艺的复杂程度和应用情况，安装工程和机电设备的配置等情况。为了清晰易读，通常以图表形式表达，见表 5-1、表 5-2。

建筑安装工程项目一览表 **表 5-1**

序号	工程名称	建筑面积（m^2）	建筑层数	结构类型	建安工作量（万元）		设备安装工程量（t）
					土建	安装	
1	……	……	……	……	……	……	……
……							
合计							

主要建筑物和构筑物一览表 **表 5-2**

序号	工程名称	建筑结构构造类型			占地面积（m^2）	建筑面积（m^2）	建筑层数	建筑体积（m^3）
		基础	主体	层面				

（2）建设项目各参建单位

主要说明：建设项目的建设、勘察、设计、总承包和分包单位名称，以及建设单位委托的建设监理单位名称。

5.2.2 建设场地情况及施工条件

建设场地情况主要包括：项目建设地区的自然条件和技术经济条件；气象、地形、地质和水文情况；建设地区的施工能力、劳动力水平、生活设施和机械设备情况；交通运输情况及当地能提供给施工用的水、电和其他条件。

施工条件应能主要反映：施工企业的生产能力及技术装备、管理水平和主要设备；特殊物资的供应情况及有关建设项目的决议、合同和协议；土地征用、居民搬迁和场地清理情况。

表 5-3 所示为施工现场常见的工程概况牌应包含的信息。

施工现场常见的工程概况信息牌 **表 5-3**

项目名称			
建设单位		负责人	
施工单位		负责人	
设计单位		负责人	
监理单位		负责人	
结构层数		建筑总高	
总建筑面积		工程总投资	
开工日期		完工日期	

5.3 总体施工部署

总体施工部署是在充分了解工程情况、施工条件和建设单位要求的基础上，对整个建设项目的施工全局作出统筹规划和全局安排，是编制施工总进度计划的前提，主要解决影响建设项目全局施工的组织问题和技术问题。

建设项目通常是由若干个相对独立的投产或交付使用的子系统组成，可以根据项目施工总目标的要求，将建设项目划分为分期（分批）投产或交付使用的独立交工系统；在保证工期的前提下，实行分期分批建设，既可使各项目迅速建成，尽早投入使用，又可在全局上实现施工的连续性和均衡性，减少暂设工程数量，降低工程成本。

施工总体部署的内容和侧重点，根据建设项目的性质、规模和客观条件不同而有所不同，一般包括以下内容：施工总目标、建设项目组织机构与任务分工、确定工程开展程序、拟定主要工程项目的施工方案、施工准备工作内容。

5.3.1 施工总目标

根据建设项目工程施工承包合同要求的目标，确定出建设项目工程施工总目标，该总体目标必须满足或高于合同要求目标，并作为编制进度、质量、施工安全、环境、成本等管理计划的依据。它可分为：施工控制总工期、质量目标、施工安全目标、环境保护和总成本，以及每个单项工程的工期控制目标、质量控制目标、施工安全控制目标、环境保护和成本控制目标等，示例见表 5-4。

施工控制目标表　　表 5-4

序号	工程名称	建筑面积（m^2）	控制工期（月）	控制成本（万元）	质量目标	安全控制指标	环境保护目标
合计							

5.3.2 确定施工管理组织机构

（1）确定组织结构形式

根据项目规模、性质和复杂程度，明确建设项目的组织机构、体制，建立统一的工程指挥系统，划分各参与施工单位的任务；明确总包与分包的关系，确定综合的和专业化的施工组织，明确各单位之间的分工与协作关系，划分施工阶段，确定各单位分期分批的主攻项目和穿插项目。建设项目组织机构形式通常有直线制、职能制或直线职能制等，如图 5-2 所示。

（2）制定岗位职责

管理组织内部的岗位职务和职责必须明确，责权必须一致，并形成规章制度。

（3）选派管理人员

按照岗位职责需要，选派称职的管理人员，组成精练高效的项目管理班子，并以表格列出（表 5-5）。

（4）制定施工管理工作程序、制度和考核标准

为了提高施工管理工作效率，要按照管理的客观性规律，制定出管理工作程序、制度和相应考核标准。

5.3.3 确定工程施工程序

确定建设项目中各项工程施工的合理程序是关系到整个建设项目能否

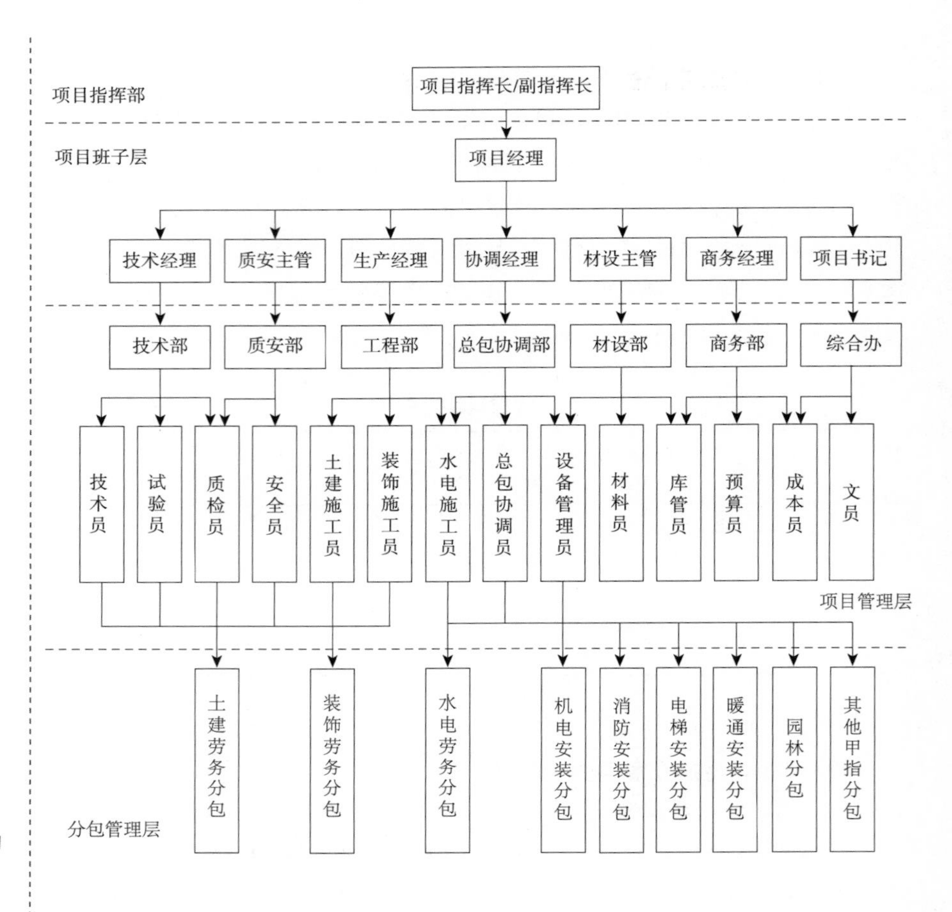

图5-2 施工管理组织机构

管理人员明细表 **表5–5**

序号	姓名	职务	职称	工作职责

顺利完成并投入使用的重点问题。对于一些大中型古建筑建设项目，一般要根据建设项目总目标的要求，分期分批建设，既可使各具体项目尽快建成，又可在全局上实现施工的连续性和均衡性，减少暂设工程数量，降低工程成本。至于分几期施工，各期工程包含哪些项目，则要根据生产工艺的要求、建设部门的要求、工程规模的大小和施工的难易程度、资金及技术等情况，由建设单位和施工单位共同研究确定。对于小型古建筑项目，由于工期较短或生产工艺较简单，亦可不必分期分批建设，而采取一次性建成投产的方法建设。

5.3.4 明确施工任务划分与组织安排

在已明确项目组织结构的规模、形式，且确定了施工现场项目部领导班子和职能部门及人员之后，应划分各参与施工单位的施工任务，对主要分包项目施工单位的资质和能力提出明确要求，明确总包与分包单位的分工范围和交叉施工内容，以及各施工单位之间协作的关系，划分施工阶段，确定各施工单位分期分批的主导施工项目和穿插施工项目。

5.3.5 工程施工重点与难点

根据工程项目的特点和地理位置，对于项目施工的重点和难点应进行简要分析，并提出重点与难点项目的施工要求，对于项目施工中开发和使用的新材料、新技术、新工艺、新方法应作出部署，明确验收的程序与要求。

5.4 施工总进度计划

5.4.1 列出工程项目一览表并计算工程量

施工总进度计划主要起控制总工期的作用，因此项目划分不宜过细，可按确定的主要工程项目的开展顺序排列，一些附属项目、辅助工程及临时设施可以合并列出。

在列出工程项目一览表的基础上，计算各主要项目的实物工程量。工程量可按初步（或扩大初步）设计图纸并根据各种定额手册进行计算。常用的定额资料有以下几种：

（1）万元、十万元投资的工程量、劳动力及材料消耗扩大指标

这种定额规定了某一种结构类型建筑，每万元或十万元投资中劳动力、主要材料等的消耗数量。根据设计图纸中的结构类型，即可计算出拟建工程各分项工程需要的劳动力和主要材料的消耗数量。

（2）概算指标或扩大概算定额

查定额时，首先查找与本建筑物结构类型、跨度、高度相类似的部分，然后查出这种建筑物按定额单位所需要的劳动力和各项主要材料消耗量，从而推算出拟计算建筑物所需要的劳动力和材料的消耗数量。

（3）标准设计或已建房屋、构筑物的资料

在缺少上述几种定额手册的情况下，可采用与标准设计或已建成的类似房屋实际所消耗的劳动力及材料进行类比的方法，按比例估算。但是，由于和拟建工程完全相同的已建工程是极为少见的，因此，在采用已建工程资料时，一般都要进行折算、调整。

工程项目工程量汇总表 **表 5–6**

工程项目分类	工程项目名称	结构类型	建筑面积	幢（跨）数	资金	主要实物工程量								
						场地平整	土方工程	桩基工程	……	砖石工程	钢筋混凝土工程	……	装饰工程	……
			$1000m^2$	个	万元	$1000m^2$	$1000m^3$	$1000m^2$		$1000m^3$	$1000m^3$		$1000m^2$	
全工地性工程														
主体项目														
辅助项目														
永久住宅														
合计														

除房屋外，还必须计算主要的全工地性工程的工程量，如场地平整、铁路及道路和地下管线的长度等，这些可以根据建筑总平面图中信息来计算。

将按上述方法计算的工程量填入统一的工程量汇总表中，见表 5–6。

5.4.2 确定各单位工程的施工期限

单位工程的施工期限应根据施工单位的具体条件（施工技术与施工管理水平、机械化程度、劳动力和材料供应等）及单位工程的建筑结构类型、体积大小和现场地形地质、施工条件、环境等因素加以确定。此外，也可参考有关的工期定额来确定各单位工程的施工期限。

5.4.3 确定古建筑工程的开、竣工时间和相互搭接关系

根据施工部署及单位工程施工期限，就可以安排各单位工程的开竣工时间和相互之间的搭接关系。通常应考虑下列因素：

1）保证重点，兼顾一般。在安排进度时，要分清主次，抓住重点，同时期进行的项目不宜过多，以免分散有限的人力和物力。

2）要满足连续、均衡的施工要求。应尽量使劳动力和材料、施工机械消耗在全工地上达到均衡，避免出现高峰或低谷，以利于劳动力的调配和材料供应。

3）要满足生产工艺要求，合理安排各个建筑物的施工顺序，以缩短建设周期，尽快发挥投资效益。

4）全面考虑各种条件的限制。在确定各建筑物施工顺序时，应考虑各种客观条件的限制，如施工企业的施工力量，各种原材料、机械设备的

供应情况，设计单位提供图纸的时间，各年度建设投资数量等，对各项建筑物的开工时间和先后顺序予以调整。同时，由于建筑施工受季节、环境影响较大，经常会对某些项目的施工时间提出具体要求，从而对施工的时间和顺序安排产生影响。

5.4.4 安排施工进度

施工总进度计划可以用横道图和网络图表达。由于施工总进度计划只是起控制性作用，而且施工条件复杂，因此项目划分不必过细。当用横道图表达施工总进度计划时，项目的排列可按施工总体方案所确定的工程展开程序排列。横道图上应包含的信息见表 5-7。

施工总进度计划 表 5-7

序号	工程项目名称	结构类型	工程量	建筑面积	总工日	施工进度计划														
						××××年					××××年					××××年				

近年来，随着网络技术的推广，网络图表达施工总进度计划已经在实践中得到广泛应用。若采用时间坐标网络图表达施工总进度计划，则比横道图更加直观明了，还可以表达出各施工项目之间的逻辑关系。同时，由于网络图可以应用计算机计算和输出，更加便于对进度计划进行调整、优化以及统计资源数量。

5.4.5 总进度计划的调整和修正

施工总进度计划表绘制完成后，将同一时期各项工程的工作量加在一起，用一定的比例画在施工总进度计划的底部，即可得出建设项目工作量的动态曲线。若曲线上存在较大的高峰和低谷，则表明在该时期内各种资源的需求量变化较大，需要调整一些单位工程的施工速度或开竣工时间，以便消除高峰和低谷，使各个时期的工作量尽可能达到均衡。

5.5　施工准备及总资源需要量计划

5.5.1　施工准备工作计划

总体施工准备应包括技术准备、现场准备和物资准备等。具体则包含：提出分期施工的规模、期限和任务分工；提出"六通一平"完成时间；及时做好土地征用、居民拆迁和障碍物的清除工作；按照建筑总平面图做好现场测量控制网；了解和掌握施工图出图计划、设计意图和拟采用的新结构、新材料、新技术、新工艺，并组织进行试制和试验工作；编制单位工程施工组织设计和研究有关施工技术措施；暂设工程的设置；组织材料、设备、构件、加工品、机具等的申请、订货、生产和加工工作等。施工准备工作计划表见表 5-8。

施工准备工作计划表　　**表 5-8**

序号	准备工作名称	准备工作内容	主办单位	协办单位	完成日期	负责人

5.5.2　总资源需要量计划

（1）劳动力需要量计划

施工劳动力需要量计划是规划施工暂设工程和组织劳动力进场的主要依据。它是根据施工总进度计划、概（预）算定额和有关经验资料，分别确定出每个单位工程专业工种、工人数和进场时间，然后逐项汇总直至确定出整个建设项目劳动力需要量计划，见表 5-9。

劳动力需要量计划　　**表 5-9**

施工阶段（期）	工程类别	单项工程		劳动量（工日）	专业工种		需要量计划								
		编码	名称		编码	名称	××××年					××××年			
							1	2	3	4	……				
Ⅰ	……	……	……	……	……	……	……	……	……	……					
	……	……	……	……	……	……	……	……	……	……	……				
Ⅱ															
……	……														

（2）主要材料和预制品需要量计划

主要材料和预制品需要量计划，是组织材料和制品加工、订货、运输，确定堆场和仓库的依据。它是根据施工图纸、施工部署和施工总进度计划而编制的，见表 5-10。

主要材料和预制品需要量计划 表 5-10

施工阶段（期）	工程类别	单项工程		工程材料／预制品				需要量计划								
		编码	名称	编码	名称	种类	规格	××××年					××××年			
								1	2	3	4	……				
I	……	……	……	……	……	……	……									
		……	……	……	……	……	……									
	……															
……	……															

（3）施工机具和设备需要量计划

施工机具和设备需要量计划是确定施工机具和设备进场、施工用电量和选择变压器的依据。它是根据施工部署、施工方案、施工总进度计划、工程量和机械台班产量定额而确定的，见表 5-11。

施工机具和设备需要量计划 表 5-11

施工阶段（期）	工程类别	单项工程		施工机具费				需要量计划								
		编码	名称	编码	名称	种类	电功率	××××年（月）					××××年（月）			
								1	2	3	4	……	I	II	III	IV
I	……	……	……	……	……	……	……									
		……	……	……	……	……	……									
	……															
……	……															

5.6 主要施工方案与施工措施

5.6.1 主要施工方案

施工组织总设计应对项目涉及的单位（子单位）工程和主要分部（分项）工程所采用的施工方法进行简要说明。对脚手架工程、起重吊装工程、临时用水用电工程、季节性施工等专项工程所采用的施工方法应简要说明。

施工组织总设计中要拟定的一些主要工程项目的施工方案与单位工程施工组织设计中要求的内容和深度是不同的。前者的施工方案应是整个建设项目中，工程量大、施工难度大、工期长，对整个建设项目的完成起关键作用的建筑物或构筑物，以及全场范围内工程量大、影响全局的特殊分项工程。拟定主要工程项目施工方案的目的是为了更好地进行技术和资源的准备工作，同时也为了施工顺利进行和现场的合理布局。它的内容包括施工方案、施工工艺流程、施工机械设备等。

对施工方案的确定要考虑技术工艺的先进性和经济上的合理性。主要是针对建设项目或建筑群中的工程量大，施工技术复杂，工期长，特殊结构工程或由专业施工单位施工的特殊专业工程的施工工艺流程与施工方案提出原则性的意见。如基础工程中各种深基础的施工工艺，结构工程中现浇的施工工艺，如高大模板、大模板、滑模施工工艺等。具体的施工方法可在编制单位工程施工组织设计时确定。

机械化施工是实现建筑工业化的基础，因此施工机械的选择是施工方法选择的中心环节。应根据工程特点选择适宜的主导施工机械，使其性能既能满足工程的需要，又能发挥其效能，在各个工程上能够实现综合流水作业，减少其拆、装、运的次数，对于辅助配套机械，其性能应与主导施工机械相适应，以充分发挥主导施工机械的工作效率。

5.6.2 主要施工措施

（1）施工质量保证措施

1）组织保证措施

建立施工项目施工质量体系，明确分工职责和质量检查与监督制度，落实施工质量控制责任。

2）技术保证措施

编制施工项目施工质量计划实施细则，完善施工质量控制点和控制标准，强化施工质量事前、事中和事后的全过程控制。

3）经济保障措施

保证资金正常供应，奖励施工质量优秀的有功者，惩罚施工质量不达标的操作者，确保施工安全和施工资源正常供应。

4）合同保证措施

全面履行工程承包合同，及时协调分包单位施工质量，严格控制施工质量，尽量减少业主提出工程质量索赔的机会。

（2）安全技术措施

其包括防火、防毒、防爆、防尘、防洪、防雷击、防坍塌、防物体打击、防溜车、防机械伤害、防高空坠落和防交通事故，以及防寒、防暑、防疫和防环境污染等各项措施，应落实安全检查评价方法和奖励制度。

（3）施工环保措施

其包括现场泥浆、污水的排放；现场爆破危害的防治；现场打桩振害的防治；现场防尘和防噪声；现场地下旧有管线或文物保护；现场熔化沥青及其防护；现场及周边交通环境保护以及现场卫生防疫和绿化工作。

（4）建设项目和施工总成本保证措施

1）技术保证措施

精心优选材料、设备的质量和价格，合理确定其供货单位；优化施工部署和施工方案，合理开发技术措施费；按合理工期组织施工，尽量减少赶工费用。

2）经济保障措施

经常对比计划费用与实际费用差额，分析其产生原因，并采取改善措施，及时奖励降低成本的有功人员。

3）组织保证措施

建立健全项目施工成本控制组织，完善其职责分工和有关控制制度，落实项目成本控制者的责任。

4）合同保证措施

按项目承包合同条款支付工程款；全面履行合同，减少业主索赔条件和机会；正确处理施工中已发生的工程索赔事项，尽量减少和避免工程合同纠纷。

5.7 现场临时设施

5.7.1 暂设建筑物

为满足工程项目施工需要，在工程正式开工之前，要按照工程项目施工准备工作计划的要求，建造相应的暂设工程，为工程项目施工创造良好的环境。暂设工程的类型、规模因工程而异，主要有工地加工厂组织、工地仓库组织、工地运输组织、工地行政办公及福利设施组织、工地供水组织和工地供电组织。

（1）工地加工厂组织

对于原有古建筑修缮工程及仿古建筑新建工程，工地加工厂类型主要有钢筋混凝土预制构件加工厂、木材加工厂（粗木加工厂、细木加工厂）、钢筋加工厂、金属结构构件加工厂和机械修理厂等。其结构形式应根据使用期限长短和建设地区的条件而定。一般使用期限较短者，宜采用简易结构，如油毡、镀锌薄钢板或草屋面的竹木结构；使用期限较长者，宜采用瓦屋面的砖木结构、砖石结构或装拆式活动房屋等。

工地加工厂的建筑面积主要取决于设备尺寸、工艺过程、设计和安全防火等要求，通常可参考有关经验指标等资料确定。

对于钢筋混凝土构件预制厂、锯木车间、模板加工车间、细木加工车间、钢筋加工车间（棚）等，其建筑面积可按下式计算：

$$F=\frac{KQ}{TS\alpha} \tag{5-1}$$

式中 F——所需建筑面积（m^2）；

K——不均衡系数，取 1.3 ~ 1.5；

Q——加工总量；

T——加工总时间（月）；

S——每平方米场地月平均加工量定额；

α——场地或建筑面积利用系数，取 0.6 ~ 0.7。

常用各种临时加工厂的面积参考指标见表 5-12、表 5-13。

临时加工厂所需面积参考指标 **表 5-12**

加工厂名称	年产量		单位产量所需建筑面积	占地总面积（m^2）	备注
	单位	数量			
混凝土搅拌站	m^3	3200	$0.022m^2/m^3$	按砂石堆场考虑	400L 搅拌站 2 台
	m^3	4800	$0.021m^2/m^3$		400L 搅拌站 3 台
	m^3	6400	$0.020m^2/m^3$		400L 搅拌站 4 台
临时性混凝土预制厂	m^3	1000	$0.25m^2/m^3$	2000	生产屋面板和中小型梁柱板等，配有蒸汽设施
	m^3	2000	$0.20m^2/m^3$	3000	
	m^3	3000	$0.15m^2/m^3$	4000	
	m^3	5000	$0.125m^2/m^3$	小于 6000	
半永久性混凝土预制厂	m^3	3000	$0.6m^2/m^3$	9000 ~ 12000	—
	m^3	5000	$0.4m^2/m^3$	12000 ~ 15000	
	m^3	10000	$0.3m^2/m^3$	15000 ~ 20000	
木材加工厂	m^3	15000	$0.0244m^2/m^3$	9000 ~ 12000	进行原木、木方加工
	m^3	24000	$0.0199m^2/m^3$	12000 ~ 15000	
	m^3	30000	$0.0181m^2/m^3$	15000 ~ 20000	
综合木工加工厂	m^3	200	$0.3m^2/m^3$	100	加工门窗、模板、地板、屋架等
	m^3	500	$0.25m^2/m^3$	200	
	m^3	1000	$0.2m^2/m^3$	300	
	m^3	2000	$0.15m^2/m^3$	420	

续表

加工厂名称	年产量		单位产量所需建筑面积	占地总面积（m^2）	备注
	单位	数量			
粗木加工厂	m^3	5000	$0.12m^2/m^3$	1350	加工屋架、模板
	m^3	10000	$0.10m^2/m^3$	2500	
	m^3	15000	$0.09m^2/m^3$	3750	
	m^3	20000	$0.08m^2/m^3$	4800	
细木加工厂	万 m^3	5	$0.014m^2/m^3$	7000	加工门窗地板
	万 m^3	10	$0.0114m^2/m^3$	10000	
	万 m^3	15	$0.0106m^2/m^3$	14000	

现场作业棚所需面积参考指标 **表 5–13**

序号	名称	单位	面积（m^2）	备注
1	木工作业棚	m^2/ 人	2	占地为建筑面积的 2 ～ 3 倍
2	电锯房 1	m^2	80	86 ～ 96cm 圆锯 1 台
3	电锯房 2	m^2	40	小圆锯 1 台
4	钢筋作业棚	m^2/ 人	3	占地为建筑面积的 3 ～ 4 倍
5	搅拌棚	m^2/ 台	10 ～ 18	—
6	卷扬机棚	m^2/ 台	6 ～ 12	—
7	烘炉房	m^2	30 ～ 40	—
8	焊工房	m^2	20 ～ 40	—
9	电工房	m^2	15	—
10	白铁丁房	m^2	20	—
11	油漆工房	m^2	20	—
12	机、钳工修理房	m^2	20	—
13	立式锅炉房	m^2/ 台	5 ～ 10	—
14	发电机房	m^2/kW	0.2 ～ 0.3	—
15	水泵房	m^2/ 台	3 ～ 8	—
16	空压机房（移动式）	m^2/ 台	18 ～ 30	—
17	空压机房（固定式）	m^2/ 台	9 ～ 15	—

（2）工地仓库组织

建筑工程施工中所用仓库，按其用途分有：转运仓库，设在车站、码头等地，用来转运货物；中心仓库，是用于贮存整个建筑工地（或区域型建筑企业）所需的一般材料、贵重材料及需要整理配套材料的仓库；现场仓库，是专为某项工程服务的仓库，一般均就近建在施工现场；加工品仓库，专供某加工厂贮存原材料和已加工的半成品、构件的仓库。

建筑工程施工中所用仓库，按保管材料的方法不同，可分为以下几种：露天仓库，用于堆放不会因自然条件而影响其性能、质量的材料，如砖、砂石、装配式混凝土构件等的堆场；库棚，用于堆放需防止阳光雨雪直接侵蚀变质的物品、贵重建筑材料、五金器具以及细小容易散失或损坏的材料。在组织仓库业务时，应在保证施工需要的前提下，使材料的贮备量最少，贮备期最短，装卸及转运费用最省，同时选用经济而适用的仓库结构基建形式。尽可能利用原有的或永久性的建筑物，以减少修建临时仓库的费用，并遵守防火安全条例的要求。

1）确定工地物资储备量

材料储备一方面要确保工程施工的顺利进行，另一方面还要避免材料的大量积压，以免仓库面积过大，增加投资，积压资金。通常储备量根据现场条件、供应条件和运输条件来确定。

对经常或连续使用的材料，如砖、瓦、砂石、水泥和钢材等，可按储备期计算：

$$P=T_e\frac{Q_i \cdot R_i}{T} \tag{5-2}$$

式中 P——材料储备量（t 或 m^3）；

T_e——储备天数（d），见表 5-14；

Q_i——材料、半成品的总需求量；

T——有关项目的施工工作日；

R_i——材料使用不均衡系数，见表 5-14。

计算仓库面积的有关系数 **表 5-14**

序号	材料及半成品	储备（d）天数 T_e	不均衡系数 R_i	每平方米储存定额 q	有效利用系数 k	仓库类别
1	水泥	30 ~ 60	1.3 ~ 1.5	1.5 ~ 1.9	0.65	封闭式
2	生石灰	30	1.1	1.7	0.70	棚
3	砂子（人堆）	15 ~ 30	1.4	1.5	0.70	露天
4	砂子（机堆）	15 ~ 30	1.4	2.5 ~ 3.0	0.80	露天
5	石子（人堆）	15 ~ 30	1.5	1.5	0.70	露天
6	石子（机堆）	15 ~ 30	1.5	2.5 ~ 3.0	0.80	露天
7	块石	15 ~ 30	1.5	10.0	0.70	露天
8	预制混凝土	30 ~ 60	1.3	0.26 ~ 0.3	0.60	露天
9	槽型板	30 ~ 60	1.3	0.8	0.60	露天
10	梁	30 ~ 60	1.3	1.2	0.60	露天
11	柱	30 ~ 60	1.4	2.5	0.60	露天

续表

序号	材料及半成品	储备（d）天数 T_e	不均衡系数 R_i	每平方米储存定额 q	有效利用系数 k	仓库类别
12	钢筋（直筋）	30 ~ 60	1.4	0.9	0.60	封闭式或棚
13	钢筋（盘筋）	10 ~ 20	1.5	0.07 ~ 0.10	0.60	露天
14	钢筋成品	45	1.4	1.5	0.60	露天
15	型钢	30	1.4	0.2 ~ 0.3	0.60	露天
16	金属结构	30 ~ 60	1.4	0.3 ~ 15	0.60	露天
17	原木	30 ~ 45	1.4	0.7 ~ 0.8	0.50	露天
18	成材	15 ~ 20	1.2	0.3 ~ 0.4	0.50	露天
19	废木材	30	1.2	45.0	0.60	露天
20	门窗扇	30	1.2	20.0	0.60	露天
21	门窗框	30	1.2	0.6	0.60	露天
22	木屋架	10 ~ 15	1.4	4 ~ 6	0.70	露天
23	木模板	10 ~ 15	1.2	1.5	0.65	露天
24	模板整理	15 ~ 30	1.2	0.7 ~ 0.8	0.60	露天
25	砖	30	1.2	1.0	0.70	露天

对于用量少、不经常使用或储备期较长的材料，如耐火砖、石棉瓦、水泥管、电缆等可按储备量计算（以年度需要量的百分比储备）。

2）确定仓库面积

$$F=\frac{p}{q\times k} \tag{5-3}$$

式中　F——仓库总面积（m^2）；

p——仓库材料储备量；

q——每平方米仓库面积能存放的材料、半成品和制品的数量；

k——仓库面积有效利用系数（考虑人行道和车道所占面积），见表 5-14，或者也可采用系数法计算仓库面积，即

$$F=\phi\times m \tag{5-4}$$

式中　m——计算基数；

ϕ——计算系数，见表 5-15。

5.7.2　工地临时供电计算

施工现场临时供电组织包括：计算工地总用电量，选择电源，确定变压器功率，布置配电线路和决定导线截面面积。

（1）工地总用电量计算

施工现场临时用电一般可分为动力用电和照明用电两类。在计算总用

按系数法计算仓库面积表 **表 5–15**

序号	名称	计算基数 m	单位	系数 φ
1	仓库（综合）	按全员（工地）	m^2/人	0.7 ~ 0.8
2	水泥库	按当年水泥用量的 40% ~ 50%	m^2/t	0.7
3	其他仓库	按当年工作量	m^2/万元	2 ~ 3
4	五金杂品库	按年建安工作量计算	m^2/万元	0.2 ~ 0.3
		按在建建筑面积计算	$m^2/100m^2$	0.5 ~ 1
5	土建工具库	按高峰年（季）平均人数	m^2/人	0.1 ~ 0.2
6	水暖器材库	按年在建建筑面积	$m^2/100m^2$	0.2 ~ 0.4
7	电器器材库	按年在建建筑面积	$m^2/100m^2$	0.3 ~ 0.5
8	化工油漆危险品库	按年建安工作量	m^2/万元	0.1 ~ 0.15
9	三大工具库（脚手、跳板、模板）	按年建筑面积	$m^2/100m^2$	1 ~ 2
		按年建安工作量	m^2/万元	0.5 ~ 1

电量时，应考虑以下因素：

1）全工地动力用电功率；

2）全工地照明用电功率；

3）施工高峰用电量。

总用电量按下式计算：

$$P=(1.05\sim1.10)\times\left(\frac{K_1\sum P_1}{\cos\varphi}+K_2\sum P_2+K_3\sum P_3+K_4\sum P_4\right) \quad (5\text{-}5)$$

式中 P——供电设备总需要容量；

P_1——电动机额定功率；

P_2——电焊机额定功率；

P_3——室内照明容量；

P_4——室外照明容量；

$\cos\varphi$——电动机的平均功率数（在施工现场最高为 0.75 ~ 0.78，一般为 0.65 ~ 0.75）；

K_1、K_2、K_3、K_4——需要系数，具体见表 5-16。

其他机械动力设备以及工具用电可参考有关定额。

由于照明用电量远小于动力用电量，故当单班施工时，其用电总量可以不考虑照明用电。

（2）选择电源

选择电源时应根据工地实际情况考虑以下几种方案：

1）完全由工地附近的电力系统供电。

需要系数（*K* 值） **表 5–16**

用电名称	数量	需要系数			
		K_1	K_2	K_3	K_4
电动机	3 ~ 10 台	0.7	—	—	—
	11 ~ 30 台	0.6	—	—	—
	30 台以上	0.5	—	—	—
加工厂动力设备	—	0.5	—	—	—
电焊机	3 ~ 10 台	—	0.6	—	—
	10 台以上	—	0.5	—	—
室内照明	—	—	—	0.8	—
室外照明	—	—	—	—	1.0

2）工地附近的电力系统能供应一部分，工地需增设临时电站补充不足部分。

3）工地属于新开发地区，附近没有供电系统，电力则应由工地自备临时供电。

根据实际情况，确定供电方案。一般情况下是将工地附近的高压电网，引入工地的变压器进行调配。

（3）选择导线截面

要使配电导线能正常工作，导线截面大小必须满足：有足够的机械强度，能承受负荷电流长时间通过所引起的温升，使得电压损失在允许范围之内。

1）按机械强度选择

导线在各种敷设方式下，应按其强度需要，保证必需的最小截面，以防拉、折而断。可根据有关资料进行选择。

2）按允许电压降选择

导线满足所需要的允许电压，其本身引起的电压降必须限制在一定范围内，可由下式计算：

$$S=\frac{\sum PL}{C\delta} \tag{5-6}$$

式中 S——导线截面积（mm^2）；

P——负荷电功率或线路输送的电功率（W）；

L——输送电线路的距离（m）；

C——系数，视导线材料、送电电压及调配方式而定（三相四线铜线取 77.0，三相四线铝线取 46.3）；

δ——容许的相对电压降。

其中：照明电路中容许电压降不超过 2.5% ~ 5%；电动机电压降不

应超过 ±5%；临时供电电压降不应超过 ±8%。

3）负荷电流的计算

导线必须承担负荷电流长时间通过所引起的温升，其自身电阻越小越好，使电流通畅，温度则会降低。

①三相四线制线路上的电流可按下式计算：

$$I=\frac{P}{\sqrt{3}V\cos\varphi} \tag{5-7}$$

②二线制线路可按下式计算：

$$I=\frac{P}{V\cos\varphi} \tag{5-8}$$

式中 I——电流值（A）；

P——功率（W）；

V——电压（V）；

$\cos\varphi$——功率因素。

导线制造厂家根据导线的容许温升，制定了各类导线在不同敷设条件下的持续容许电流值，在选择导线时，导线中的电流不得超过此值，详见有关资料。

按照以上三个条件计算的结果，取截面面积最大的作为现场使用的导线，通常导线的选取是先根据所计算的负荷电流的大小来确定，然后再根据其机械强度和允许电压损失值进行复核。

5.7.3 工地临时供水计算

建筑工地临时供水主要包括：生产用水、生活用水和消防用水三种。

生产用水包括工程施工用水、施工机械用水。

生活用水包括施工现场生活用水和生活区生活用水。

（1）工地施工工程用水量计算

工地施工工程用水量计算公式：

$$q_1=K_1\frac{\sum Q_1\times N_1}{T_1\times b}\times\frac{K_2}{8\times3600} \tag{5-9}$$

式中 q_1——施工工程用水量（L/s）；

K_1——未预见的施工用水系数，取 1.10；

Q_1——年（季）度工程量（以实物计量单位表示）；

N_1——施工用水定额，取值见表 5-17；

T_1——年（季）度有效工作日（d）；

施工用水参考定额 表 5–17

序号	用水对象	单位	耗水量 N_1	备注
1	浇筑混凝土全部用水量	L/m^3	1700 ~ 2400	—
2	搅拌普通混凝土	L/m^3	250	实测数据
3	搅拌轻质混凝土	L/m^3	300 ~ 350	—
4	搅拌泡沫混凝土	L/m^3	300 ~ 400	—
5	搅拌热混凝土	L/m^3	300 ~ 350	—
6	混凝土养护（自然养护）	L/m^3	200 ~ 400	—
7	混凝土养护（蒸汽养护）	L/m^3	500 ~ 700	—
8	冲洗模板	L/m^3	5	实测数据
9	搅拌机清洗	台班 $/m^3$	1000	—
10	人工冲洗石子	L/m^3	600	—
11	机械冲洗石子	L/m^3	1000	—
12	洗砂	L/m^3	600	—
13	砌筑工程全部用水	L/m^3	1000	—
14	砌石工程全部用水	L/m^3	150 ~ 250	—
15	粉刷工程全部用水	L/m^3	50 ~ 80	—
16	砌耐火砖砌体	L/m^3	30	—
17	洗砖	L/ 千块	100 ~ 150	—
18	洗硅酸盐砌块	L/m^3	250 ~ 350	—
19	抹面	L/m^2	4 ~ 6	不包括调制用水
20	楼地面找平	L/m^2	190	—
21	搅拌砂浆	L/m^3	300	—
22	石灰消化	L/t	3000	—

b——每天工作班数（班），取 1；

K_2——用水不均衡系数，见表 5–18。

（2）施工机械用水量计算

施工机械用水量计算公式：

$$q_2=K_1\sum Q_2\times N_2\times\frac{K_3}{8\times3600} \tag{5–10}$$

式中 q_2——施工机械用水量（L/s）；

K_1——未预见的施工用水系数，取 1.10；

Q_2——同一种机械台数（台）；

N_2——施工机械台班用水定额，见表 5–19；

K_3——施工机械用水不均衡系数，见表 5–18。

（3）工地生活用水量计算

施工工地生活用水量计算公式：

施工用水不均衡系数 K 值 **表 5–18**

K 号	用水名称	系数
K_2	施工工程用水	1.5
	生产企业用水	1.25
K_3	施工机械运输机具	2.00
	动力设备	1.05 ~ 1.10
K_4	施工现场生活用水	1.30 ~ 1.50
K_5	居民区生活用水	2.00 ~ 2.50

施工机械用水量参考定额 **表 5–19**

序号	用水对象	单位	耗水量 N_2	备注
1	内燃挖土机	L/（台·m^3）	200 ~ 300	以斗容量立方米计
2	内燃起重机	L/（台班·t）	15 ~ 18	以起重吨数计
3	蒸汽起重机	L/（台班·t）	300 ~ 400	以起重吨数计
4	蒸汽打桩机	L/（台班·t）	1000 ~ 12000	以锤重吨数计
5	蒸汽压路机	L/（台班·t）	100 ~ 150	以压路机吨数计
6	内燃压路机	L/（台班·t）	12 ~ 15	以压路机吨数计
7	拖拉机	L/（台班·t）	200 ~ 300	—
8	汽车	L/（昼夜·台）	400 ~ 700	—
9	标准蒸汽机车	L/（昼夜·台）	10000 ~ 20000	—
10	窄轨蒸汽机车	L/（昼夜·台）	4000 ~ 7000	—
11	空气压缩机	L/（台班·m^3/min）	40 ~ 80	—
12	内燃机动力装置（直流水）	L/（台班·马力）	120 ~ 300	以气量立方米每分钟计
13	内燃机动力装置（循环水）	L/（台班·马力）	25 ~ 40	—
14	锅驼机	L/（台班·马力）	80 ~ 160	以小时蒸发量计
15	锅炉	L/（h·t）	15 ~ 30	—
16	电焊机 25 型	L/h	100	实测数据
	电焊机 50 型	L/h	150 ~ 200	实测数据
	电焊机 75 型	L/h	250 ~ 350	—
17	冷拔机	L/h	300	—
18	对焊机	L/h	300	—
19	凿岩机 01–30(CM–56)	L/min	3	—
	凿岩机 01–45(TN–4)	L/min	5	—
	凿岩机 01–38(KIIM–4)	L/min	8	—
	凿岩机 YQ–100	L/min	8 ~ 12	—

$$q_3=\frac{P_1\times N_3\times K_4}{b\times 8\times 3600} \tag{5-11}$$

式中 q_3——施工工地生活用水量（L/s）；

P_1——施工现场高峰期生活人数；

N_3——施工工地生活用水定额，见表 5-20；

K_4——施工工地生活用水不均衡系数，见表 5-18；

b——每天工作班数（班）。

（4）生活区生活用水量计算

生活区生活用水量计算公式：

$$q_4=\frac{P_2\times N_4\times K_5}{24\times 3600} \tag{5-12}$$

式中 q_4——生活区生活用水量（L/s）；

P_2——生活区居住人数；

N_4——生活区昼夜全部生活用水定额，见表 5-20；

K_5——生活区生活用水不均衡系数，见表 5-18。

（5）消防用水量计算

消防用水量 q_5 应根据建筑工地大小及居住人数确定，可参考表 5-21 取值。

（6）施工工地总用水量计算

施工工地总用水量 Q 按下面组合取大值。

生活用水量参考指标 **表 5-20**

序号	用水对象	单位	耗水量 N_3、N_4	备注
1	工地全部生活用水	L/（人·d）	100 ~ 120	—
2	生活用水（盥洗生活饮用）	L/（人·d）	25 ~ 30	—
3	食堂	L/（人·d）	15 ~ 20	—
4	浴室（淋浴）	L/（人·次）	50	—
5	带大池淋浴	L/（人·次）	30 ~ 50	—
6	洗衣	L/人	30 ~ 35	—
7	理发室	L/（人·次）	15	—
8	小学校	L/（人·d）	12 ~ 15	—
9	幼儿园、托儿所	L/（人·d）	75 ~ 90	—
10	医院	L/（病床·d）	100 ~ 150	—

消防用水量 q_5 **表 5–21**

用水名称	用水详情	火灾同时发生次数	用水量（L/s）	备注
居住区消防用水	5000 人以内	一次	10	—
	10000 人以内	二次	10 ~ 15	
	25000 人以内	三次	15 ~ 20	
施工现场消防用水	施工现场在 $25hm^2$ 以内	一次	10 ~ 15	—
	每增加 $25hm^2$ 递增		5	

$$Q=\begin{cases} q_5+(q_1+q_2+q_3+q_4)/2 & (q_1+q_2+q_3+q_4\leqslant q_5) \\ q_1+q_2+q_3+q_4 & (q_1+q_2+q_3+q_4>q_5) \end{cases}$$

计算的总用水量还应增加 10%，以补偿不可避免的水管漏水损失。

（7）供水管径计算

工地临时网络需要管径，可按下式计算：

$$D=\sqrt{\frac{4Q}{\pi\cdot v\times 1000}} \tag{5-13}$$

式中 D——配水管直径（m）；

Q——施工工地总用水量（L/s）；

v——管网中水流速度（m/s），见表 5–22。

临时水管经济流速 **表 5–22**

管径	流速（m/s）	
	正常时间	消防时间
1. 支管（D<0.10m）	2	—
2. 生产消防管道（D=0.1 ~ 0.3m）	1.3	>3.0
3. 生产消防管道（D>0.3m）	1.5 ~ 1.7	2.5
4. 生产用水管道（D>0.3m）	1.5 ~ 2.5	3.0

5.7.4 运输组织

建筑工地运输业务组织的内容包括：确定运输量，选择运输方式，计算运输工具数量。当货物由外地利用公路、水路或铁路运来时，一般由专业运输单位承运，施工单位往往只解决工程所在地区及工地范围内的运输。每班所需运输工具数量按下式计算：

$$N=\frac{QK_1}{qTCK_2} \tag{5-14}$$

式中 N——所需运输工具台数；

Q——最大年（季）度运输量；

K_1——货物运输不均衡系数（场外运输取 1.2，场内运输取 1.1）；

q——运输工具的台班产量；

T——全年（季）的工作天数；

C——日工作班数；

K_2——车辆供应系数（运输车辆充足时取 1，一般可取 0.9）。

5.8 施工总平面图设计

5.8.1 施工总平面布置图设计的原则和依据

施工总平面布置图是古建筑施工场地的总布置图（又称为施工总平面图）。它是按照施工方案和施工总进度计划的要求，将施工现场的交通道路、材料仓库、室外堆场、临时房屋、临时水电管线等作出合理的规划布置，从而正确处理全工地施工期间所需各项设施与永久性建筑以及拟建项目之间的空间关系。

（1）施工总平面布置图的设计原则

1）平面布置科学合理，施工场地占用面积少。

2）合理组织运输，减少二次搬运。

3）施工区域的划分和场地的临时占用应符合总体施工部署和施工流程的要求，减少相互干扰。

4）充分利用既有建（构）筑物和既有设施为项目施工服务，降低临时设施的建造费用。

5）临时设施应方便生产和生活，办公区、生活区和生产区宜分离设置。

6）符合节能、环保、安全文明施工和消防等要求。

7）遵守当地主管部门和建设单位关于施工现场安全文明施工的相关规定。

8）施工总平面布置图应根据项目总体施工部署，绘制现场不同施工阶段（期）的总平面布置图，施工总平面布置图的绘制应符合国家相关标准要求并附必要说明。

（2）施工总平面布置图的设计依据

1）建设项目建筑总平面图、竖向布置图和地下设施布置图。

2）建设项目施工部署和主要建筑物施工方案。

3）建设项目施工总进度计划、施工总质量计划和施工总成本计划。

4）建设项目施工总资源计划和施工设施计划。

5）建设项目施工用地范围和水电源位置，以及项目安全施工和防火标准。

5.8.2 施工总平面布置图设计的主要内容

1）项目施工用地范围内的地形状况。

2）全部拟建的建（构）筑物和其他基础设施的位置。

3）项目施工用地范围内的加工设施、运输设施、存贮设施、供电设施、供水供热设施、排水排污设施、临时施工道路和办公、生活用房等。

4）施工现场必备的安全、消防、保卫和环境保护等设施。

5）相邻的地上、地下既有建（构）筑物及相关环境。

5.8.3 施工总平面布置图设计的步骤

（1）把场外交通引入现场

在设计施工总平面图时，必须从确定大宗材料、预制品和生产工艺设备运入施工现场的运输方式开始。当大宗施工物资由铁路运来时，必须解决如何引入铁路专用线问题；当大宗施工物资由公路运来时，必须解决好现场大型仓库、加工场与公路之间的相互关系问题；当大宗施工物资由水路运来时，必须解决如何利用原有码头和是否增设新码头，以及大型仓库和加工场同码头的位置关系问题。

（2）确定仓库和堆场位置

当采用铁路运输大宗施工物资时，中心仓库尽可能沿铁路专用线布置，并且在仓库前留有足够的装卸前线，否则要在铁路线附近设置转运仓库，而且该仓库要设置在工地同侧。当采用公路运输大宗施工物资时，中心仓库可布置在工地中心区或靠近使用的地方，如不能这样做时，也可将其布置在工地入口处。大宗地方材料的堆场或仓库，可布置在相应的搅拌站、预制场或加工场附近。当采用水路运输大宗施工物资时，要在码头附近设置转运仓库。

（3）确定搅拌站和加工场位置

当有混凝土专用运输设备时，可集中设置大型搅拌站，其位置可采用线性规划方法确定，否则就要分散设置小型搅拌站，它们的位置均应靠近使用地点或垂直运输设备。

各种加工场的布置均应以方便生产、安全防火、保护环境和运输费用少为原则。通常加工场宜集中布置在工地边缘处，并且将其与相应仓库或堆场布置在同一地区。

（4）确定场内运输道路位置

根据施工项目及其与堆场、仓库或加工场相应位置，认真研究它们之间的物资转运路径和转运量，区分场内运输道路主次关系，优化确定场内运输道路主次和相互位置；要尽可能利用原有或拟建的永久道路；合理安排施工道路与场内地下管网间的施工顺序，保证场内运输道路时刻畅通；要科学确定场内运输道路宽度，合理选择运输道路的路面结构。场内临时施工道路宜采用环形布置，主要道路宜采用双车道，宽度不小于6m，次要道路宜采用单车道，宽度不小于3.5m，路面结构根据运输情况和运输工具的不同类型而定。一般场外与省、市公路相连的干线，宜建成混凝土路面；场区内的干线，宜采用碎石级配路面；场内支线一般可采用土路或砂石路。

（5）确定生活性施工设施位置

全工地性的行政管理用房宜设在工地入口处，以便加强对外联系，当然也可以布置在比较靠近中心的地带，这样便于加强工地管理。工人居住用房屋宜布置在工地外围或其边缘处。文化福利用房最好设置在工人集中的地方，或者工人必经之路附近的地方。生活性施工设施尽可能利用建设单位生活基地或其他永久性建筑物，其不足部分再按计划建造。

（6）确定水电管网和动力设施位置

根据施工现场具体条件，首先要确定水源和电源类型和供应量，然后确定引入现场后的主干管（线）和支干管（线）供应量和平面布置形式。施工现场供水管网有环状、枝状和混合式三种形式。过冬的临时水管须埋在冰冻线以下或采取保温措施。根据建设项目规模的大小，还要设置消防站、消防通道和消火栓。消火栓应设置在易燃建筑物附近，并有通畅的出口和车道，其宽度不小于6m，与拟建房屋的距离不得大于25m，也不得小于5m，消火栓间距不应大于100m，到路边的距离不应大于2m。临时配电线路布置与供水管网相似。工地电力网，一般3kV ~ 10kV的高压线采用环状，沿主干道布置；380/220V的低压线采用枝状，通常采用架空布置，距路面或建筑物不小于6m。

（7）评价施工总平面布置图指标

为了从多个可行的施工总平面布置图方案中，选择出一个最优方案，通常采用的评价指标有施工占地总面积、土地利用率、施工设施建造费用、施工道路总长度和施工管网总长度等，并在分析计算的基础上，对每个可行方案进行综合评价。

上述布置应采用标准图例绘制在总平面图上，比例为1 ∶ 1000或1 ∶ 2000。上述各设计步骤不是独立布置的，而是相互联系、相互制约的，需要综合考虑、反复修正才能确定下来。若同时有几种方案，应进行方案比较。

5.9 技术经济指标分析

施工组织总设计编制完成后，还需对其技术经济情况进行分析评价，以便改进方案或多方案优选。一般常用指标有：

1）施工工期，即按施工组织总设计安排的施工总期限。

2）全员劳动生产率

$$建筑安装企业全员劳动生产率[元/(人·年)]=\frac{全年完成的建筑安装工程量}{全部在册职工人数-非生产人员平均数+合同工、临时工人数} \tag{5-15}$$

3）劳动力不均衡系数，即施工期高峰人数与施工期平均人数之比。

4）非生产人员比，即管理、服务人员数与全部职工人员数之比。

5）临时工程费用比

$$临时工程费用比=\frac{全部临时工程费用}{建筑安装工程总值} \tag{5-16}$$

6）综合机械化程度

$$综合机械化程度=\frac{机械化施工完成的工作量}{总工作量}\times 100\% \tag{5-17}$$

7）流水施工不均衡系数

$$流水施工不均衡系数=\frac{流水施工固定期时间}{总工期时间} \tag{5-18}$$

8）工人流动数量不均衡系数

$$工人流动数量不均衡系数=\frac{参加流水施工的最高工人数}{参加流水施工的平均工人数} \tag{5-19}$$

9）施工场地利用系数

$$施工场地利用系数 K=\frac{\sum F_6+\sum F_7+\sum F_3+\sum F_4}{F} \tag{5-20}$$

其中

$$F=F_1+F_2+\sum F_3+\sum F_4-\sum F_5 \tag{5-21}$$

式中 F_1——永久性围墙内的施工用地面积（m^2）；

F_2——永久性围墙外的施工用地面积（m^2）；

F_3——永久性围墙内、施工区域外的零星用地面积（m^2）；

F_4——施工区域外的铁路、公路占地面积（m^2）；

F_5——施工区域内应扣除的非施工用地和建筑物面积（m^2）；

F_6——施工场地有效面积（m^2）；

F_7——施工区域内利用永久性建筑物的占地面积（m^2）。

9）场内主要运输工作量

$$场内主要运输工作量=\sum W_1 \cdot D_1+\sum W_2 \cdot D_2+\sum W_3 \cdot D_3+\sum W_4 \cdot D_4 \quad (5-22)$$

式中　W_1——各种建筑材料的质量（t）；

D_1——各种建筑材料各自的平均运距（km）；

W_2——各项设备质量（t）；

D_2——各项设备的平均运距（km）；

W_3——各类预制构件的质量（t）；

D_3——各类预制构件各自的平均运距（km）；

W_4——组合件质量（t）；

D_4——组合件的平均运距（km）。

延伸知识：

1. 某仿古建筑历史街区装饰工程工程概况的编写

工程概况

一、工程简介

（1）工程概况：本工程位于××市××区。

（2）工程内容：工程施工内容为××历史街区的装修工程，包括砌体、门窗、楼地面、墙柱面及隔断、石作、木作的油漆、涂料、裱糊工程及其他装修工程。

（3）结构层次及建筑面积：总建筑面积16765.45m²，主要为2层和3层建筑，结构为框架结构，设计使用年限50年，建筑耐火等级一级，抗震设防烈度为7度。

二、工程特点

（1）本工程地处××市水陆交汇处，地理位置极为重要，工程身处市区主要交通的路段。由于该工程质量要求高，且要求现代施工工艺与传统操作工艺相结合，因此在不影响施工进度的情况下采取机动灵活的全封闭施工，人员安排精悍，杜绝安全事故发生。

施工中充分注重科学管理和统筹安排，避免停工、窝工，次序混乱、成本增大现象，确保按进度计划提交优良的工程产品。

（2）计划工期：180个日历天。工程要求在180个日历天内完成整个施工任务，工作量较大，工期相对较短。因此在施工前必需部署一套可行的施工方案，制订合理的施工进度计划。

（3）本工程为仿古建筑历史街区的装饰工程，它与其他工程相比有其特殊性，在施工过程中，必需严格遵守本工程的特殊施工要求，同时做好与建设单位、其他施工单位协调配合。

三、编制说明

本工程组织设计是根据招标文件、施工图、工程量清单和国家、行业、地方有关规范，并结合我公司施工经验编制的。

我们将组织一支善于"打硬仗"的施工队伍，严格按照设计图纸和国家颁发的施工验收规范要求施工，认真做好施工全过程各项施工工作。严格把好材料、成品和半成品的采购和检验关。同时以安全生产为中心，以优质、高效为目标进行工程施工。

我公司各类施工机械装备齐全，能保证施工机械设备完全满足施工进度和质量要求。

在工程竣工后的保修期内，我们将随时提供优质服务。即使保修期满后，非属我公司施工原因造成的质量问题，我公司也将尽力予以解决，满足业主的合理要求。

编制依据：

（1）设计提供的本工程整套设计图纸；

（2）××历史街区装修工程招标文件；

（3）××历史街区装修工程相关会议意见；

（4）我公司的技术、机械设备装备情况及质量认证手册和程序文件；

（5）我公司多年来类似工程项目的施工经验；

（6）施工现场实际踏勘、调查结果；

（7）有关法律、规范、规程（现行）：

《中华人民共和国建筑法》《古建筑修建工程质量检验评定标准》《古建筑施工规范及验收规范》《建筑装饰装修工程质量验收规范》《营造法原》《中国园林建筑施工技术》《建设工程项目管理规范》《建筑工程施工质量验收统一标准》《建筑施工安全检查标准》《建设工程文件归档整理规范》《施工现场临时用电安全技术规范》，住房和城乡建设部、本省有关工程质量安全文明施工的规定文件。

2. 某仿古建筑历史街区装饰工程施工部署的编写（详见二维码）

二维码　某仿古建筑历史街区装饰工程施工部署的编写

章节检测

一、单项选择题

1. 古建筑施工现场布置石灰仓库和淋灰池的位置要接近砂浆搅拌站，并安排在（　　）。

A. 上风向　　B. 下风向　　C. 靠近堆场　　D. 位置不限

2. 工程交工前，建筑四周场地整洁，其距离为（　　）内。

A. 2m　　B. 3m　　C. 4m　　D. 5m

3. 施工组织总设计是由（　　）编制。

A. 监理公司的总工程师

B. 建设单位的总工程师

C. 大型工程项目经理部的总工程师

D. 设计单位的总工程师

4.（　　）是施工组织设计的核心。

A. 工程概况　　B. 施工方案

C. 施工进度计划　　D. 施工平面图

5. 由建设总承包单位负责编制，用以指导拟建工程项目的技术经济文件是（　　）。

A. 分项工程施工组织设计　　B. 单位工程施工组织设计

C. 施工组织总设计　　D. 分部工程施工组织设计

6. 编制施工组织总设计，应首先（　　）。

A. 拟定施工方案　　B. 编制施工进度计划

C. 确定施工部署　　D. 估算工程量

7. 在进行施工总平面图设计时，全工地性行政管理用房宜设置在（　　）。

A. 工地与生活区之间　　B. 工人较集中的地方

C. 距工地 500 ~ 1000m 处　　D. 工地入口处

二、判断题

1. 在设计施工总平面图时，各种加工场布置应以方便使用、安全防火、集中布置为原则。（　　）

2. 设计施工总平面图一般应先考虑场外交通的引入。（　　）

3. 确定各单位工程的开、竣工时间和相互搭接关系的依据是施工部署。（　　）

4. 施工用水只包括生产和生活用水。（　　）

三、简答题

1. 阐述施工组织总设计的作用。

2. 施工方案要解决的主要问题是什么？

3. 施工总进度计划的编制步骤是什么？

Gujianzhu Danwei Gongcheng Shigong Zuzhi Sheji

古建筑单位工程施工组织设计

学习目标：

1. 了解单位工程古建筑施工组织设计的作用、编制程序、编制依据及组成内容。
2. 了解单位工程施工组织设计与施工组织总设计的关系与差异。
3. 能根据施工组织总设计中工程概况、施工部署、施工准备等内容，简化编制单位工程施工组织设计的工程概况、施工部署、施工准备。
4. 能根据施工组织总设计中施工总进度计划、资源总配置计划、施工方案、施工总平面布置等内容，根据具体单位工程情况，细化编制单位工程施工组织设计的施工进度计划、资源配置计划、施工方案和施工平面布置图。

导读：

单位工程施工组织设计与施工组织总设计有着明显的区别。单位工程施工组织主要围绕单位工程展开编写，是整个建设项目在某一具体楼栋上如何组织施工的细化和详尽阐述。那么，单位工程古建筑施工组织设计如何编制？其内容与古建筑施工组织总设计有何差别？如何高效编写单位工程的工程概况、施工部署、施工准备？又该如何更有针对性围绕具体单位工程编写“一表一案一图”（进度计划表、施工方案、平面布置图）等内容？学习完本章内容后，大家的知识脉络会更加清晰。

本章知识体系思维导图：

6.1　古建筑单位工程施工组织设计概述

古建筑单位工程施工组织设计是以单位工程古建筑为对象，针对施工活动作出规划或计划的程序性技术经济文件，用以指导施工组织与管理、施工准备与实施、施工控制与协调、资源的配置与使用等全局、全过程、全面性技术、经济和组织的综合性文件。它是对施工活动全过程进行科学管理的重要手段。其本质是运用行政手段和计划管理方法来进行生产要素的配置和管理。

6.1.1 古建筑单位工程施工组织设计的作用

单位工程施工组织设计是做好施工准备工作的主要依据和重要保证。

单位工程施工组织设计是明确单位工程施工重点和影响工期进度的关键施工过程，是检查工程施工进度、质量、成本三大目标的依据，是建设单位与施工单位之间履行合同、处理关系的主要依据。

通过编制单位工程施工组织设计，可以针对单位工程规模、特点，根据施工环境的各种具体条件，按照客观的施工规律，制订拟建工程的施工方案，确定施工顺序、施工流向、施工方法、劳动组织和技术组织措施；统筹安排施工进度计划，保证单位工程按期投产或交付使用；可以有序地组织材料构配件、机具、设备、劳动力等需要量的供应和使用；合理地利用和安排为施工服务的各项临时设施；合理地部署施工现场，确保文明施工、安全施工；可以分析施工中可能产生的风险和矛盾，事先做好准备和预防，及时研究解决问题的对策、措施；可将工程的设计与施工、技术与经济、施工组织与管理、施工全局与施工局部规律、土建施工与设备施工、各部门之间、各专业之间有机地结合，相互配合，把投标和实施、前方和后方、企业的全局活动和项目部的施工组织管理，施工中各单位、各部门、各阶段以及项目之间的关系等更好地协调起来，使得投标工作和工程施工建立在科学合理的基础之上，从而做到人尽其力、物尽其用、优质低耗、科学合理利用，高效地取得最好的经济和社会效益。

6.1.2 古建筑单位工程施工组织设计编制程序

单位工程施工组织设计的编制程序，是指在施工组织设计编制过程中应遵循的编制内容、先后顺序及其相互制约的关系。根据工程的特点和施工条件的不同，其编制程序繁简不一，一般单位工程施工组织设计的编制程序，如图 6-1 所示。

6.1.3 古建筑单位工程施工组织设计编制依据

（1）主管部门的批示文件及有关要求

主要包括上级部门对工程的有关批示和要求，建设单位对施工的要求，施工合同中的相关约定等。其中，施工合同中又包括工程范围和内容、工程开工日期、工程竣工日期、工程质量保修期及保养条件、工程造价、工

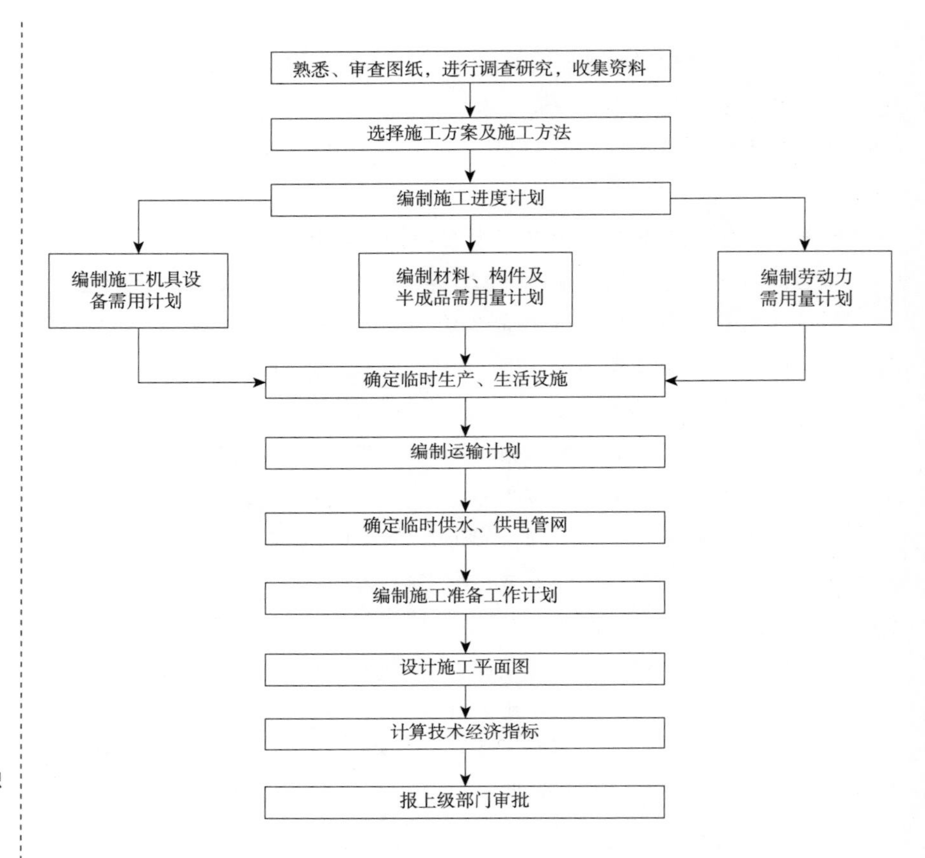

图 6-1 单位工程施工组织设计编制程序

程价款的支付方式、结算方式、交工验收办法、设计文件、概预算、技术资料的提供日期、材料及设备的供应和机械进场期限、建设方和施工方的相互协作及违约责任等事项。

（2）经过会审的施工图

主要包括单位工程的全套施工图纸、图纸会审纪要及有关标准图。

（3）施工企业年度施工计划

主要包括本工程开、竣工日期的规定，以及与其他项目穿插施工的要求等。

（4）施工组织总设计

如果本单位工程是整个建设项目中的一个子项目，应把施工组织总设计作为编制依据。

（5）工程预算文件及有关定额

应有详细的分部分项工程量，必要时应有分层、分段的工程量，以及需要使用的预算定额和施工定额。

（6）建设单位对工程施工可能提供的条件

主要包括供水、供电、供热的情况及可借用作为临时办公、仓库、宿舍的施工用房等。

(7) 施工现场的勘察资料

主要包括施工现场的地形、地貌、工程地质、水文、气象、交通运输、场地面积、地上与地下障碍物等情况以及工程地质勘察报告、地形图、测量控制网。

(8) 有关国家规定和标准

主要包括施工质量验收规范、质量评定标准及《建筑安装工程技术操作规范》等。

(9) 施工条件

主要包括施工企业总体的生产能力、资源供应状况、机具设备情况以及劳动力技术水平等。

(10) 有关的参考资料及类似工程施工组织设计实例

主要包括施工企业多年来类似工程的施工经验与技术文本。

6.1.4 古建筑单位工程施工组织设计的内容

根据单位工程的性质、规模、结构特点、技术难易程度和施工条件等，单位工程施工组织设计编制内容的深度和广度也不尽相同，但一般来说内容必须简明扼要，使编制出的单位工程施工组织设计真正起到指导实施的作用。

(1) 编制依据

主要说明组织拟建工程施工所依据的是哪些法律法规、地方规定、企业的有关规定、工程设计文件、施工合同或招标投标文件、操作规程或施工工法、规范和技术标准等。

(2) 工程概况

工程概况应包括单位工程主要情况、各专业设计简介和工程施工条件等。单位工程主要情况应包括：工程名称、性质和地理位置，工程的建设、勘察、设计、监理和总承包等相关单位的名称，工程承包范围和分包工程范围，施工合同、招标文件或总承包单位对工程施工的重点要求，其他应说明的情况。

(3) 施工部署

施工部署应包括确定工程施工管理目标、工程项目组织机构设置、人员岗位职责、工程项目施工任务划分、施工流水段划分、总的施工顺序及施工流向等。工程施工目标应根据施工合同、招标文件以及本单位对工程管理目标的要求确定，包括进度、质量、安全、环境和成本等目标。各项目标应满足施工组织总设计中确定的总体目标。

（4）施工进度计划

施工进度计划主要包括划分施工过程；计算工程量、劳动量、机械台班量、施工班组人数、每天工作班次、工作持续时间；确定分部分项工程（施工过程）施工顺序及搭接关系；绘制进度计划表，保证进度计划实施的措施等。

（5）施工准备工作与资源配置计划

1）施工准备工作计划主要包括施工前的技术准备，现场准备，机械设备、工具、材料、构件和半成品构件准备，并编制准备工作计划表。

2）资源需要量计划包括材料需要量计划，劳动力需要量计划，构件及半成品构件需要量计划，机械需要量、运输量计划等。资源配置计划宜细化到专业工种。

（6）主要施工方法与施工机械

主要分部分项工程施工方法与施工机械选择、技术组织措施等，应结合工程的具体情况和施工工艺、工法等按照施工顺序进行描述，施工方案的确定要遵循先进性、可行性和经济性兼顾的原则。

（7）单位工程施工现场平面布置图

单位工程施工现场平面布置图主要包括施工所需机械临时加工场地、材料和构件仓库与堆场的布置及临时水电管网、临时道路、临时设施用房的布置等。

（8）主要施工管理计划

主要施工管理计划包括进度管理计划、质量管理计划、安全管理计划、环境管理计划、成本管理计划。

（9）技术经济指标分析

主要包括工期指标、工程质量指标、安全指标、降低成本指标等内容。

对于结构比较简单、工程规模比较小、技术要求比较低，且能够利用传统施工方法组织施工的一般古建筑，其施工组织设计可以编制得简单一些，其内容一般只包括施工方案、施工进度表、施工平面图，辅以扼要的文字说明，简称为"一案一表一图"。

（10）各项管理及保证措施

包括质量、文明安全施工、降低成本、季节性施工等管理与保证措施。

6.2 工程概况

工程概况是对拟建工程的施工特点、地点特征和施工条件等所作的一个简明扼要、突出重点的文字介绍。

（1）工程建设概况

针对建筑工程的特点，结合施工现场的具体条件，找出关键性的问题加以简要说明，并对新材料、新技术、新工艺和施工重点、难点进行分析研究。

工程建设概况，主要说明准备施工工程的建设单位工程名称、地点、性质、用途、工程投资额、设计单位、施工单位、监理单位、设计图纸情况以及施工期限等。

（2）工程施工概况

1）建筑设计特点

一般需要说明拟建工程的建筑面积、层数、高度、平面形状、平面组合情况及室内外装修情况，并附平面图、立面图。

2）结构设计特点

一般需要说明基础的类型、埋深、主体结构的类型、预制构件的类型及安装、抗震设防烈度。

（3）建设地点的特征

建设地点的特征应介绍准备施工的工程所在的位置、地形、地势、环境、气温、冬雨期施工时间、主导风向、风力大小等。如果本工程项目是整个建筑物的一部分，则应说明准备建筑工程所在的具体层、段。

（4）施工条件

建筑施工条件主要说明“六通一平”等施工现场及周围环境条件，建筑材料、成品、半成品、运输车辆、劳动力、技术装备和企业管理水平，以及施工供电、供水、临时设施等情况。

施工时的技术条件如下：

1）设计施工图完成；

2）申报工程施工手续（涉及消防改造的须报当地所属管辖消防支队）；

3）估算成本费用；

4）签订劳务分包及外协制作加工合同；

5）与物业方办理施工证等施工手续。

（5）工程施工特点

概括单位工程的施工特点是施工中的关键问题，以便在选择施工方案、组织资源供应、技术力量配备以及施工组织上采取有效的措施，保证顺利进行。

6.3 施工部署

6.3.1 施工部署的内容与目标

施工部署内容包括确定项目施工目标、建立施工现场项目组织机构、确定施工顺序和施工流向、流水工作段的划分、明确重点与难点工程的施工要求、施工质量管理计划等。对于工程施工中开发和使用的新技术、新工艺应作出部署，对新材料和新设备的使用应提出技术及管理要求，对重点与难点工程的施工要求及管理方式进行说明。

根据施工组织总设计、施工合同要求及企业管理目标要求，制定项目部单位工程施工质量目标、进度目标、安全目标、文明施工环境目标、降低施工成本目标。各项目标应满足施工组织总设计和施工合同中确定的总体目标要求。

6.3.2 建立项目组织机构

（1）确定项目管理组织机构

根据工程规模、复杂程度、专业特点及企业的管理模式与要求，按照合理分工与协作、精干高效原则，确定项目管理组织机构，并按因事设岗、因岗选人的原则配备项目管理班子。

（2）制定岗位职责

管理组织内部的岗位职务和职责必须明确，责权必须一致，并形成规章制度。

（3）选派管理人员

按照岗位职责需要，选派称职的管理人员，组成精练高效的项目管理班子，并以表格列出，见表 6–1。

管理人员明细表 **表 6–1**

序号	姓名	职务	职称	工作职责

（4）制定施工管理工作程序、制度和考核标准

为了提高施工管理工作效率，要按照管理的客观性规律，制定出管理工作程序、制度和相应的考核标准。

6.3.3 确定施工流程

施工流程是指单位工程在平面或空间上施工的部位及其展开方向。施工流程主要解决单个建筑物（构筑物）在空间上按合理顺序施工的问题。对单层建筑应分区分段确定平面上的施工起点与流向；多层建筑除要考虑平面上的起点与流向外，还要考虑竖向上的起点与流向。施工流程涉及一系列施工活动的开展和进程，是施工组织中不可或缺的一环。

确定单位工程的施工流程时，应考虑以下几个方面。

（1）建筑物的生产工艺流程或使用要求

如生产性建筑物中生产工艺流程上需先期投入使用的，需先施工。

（2）建设单位对生产和使用的要求

一般应考虑建设单位对生产和使用要求急的工段或部位先进行施工。

（3）平面上各部分施工的繁简程度

如地下工程的深浅及地质复杂程度、设备安装工程的技术复杂程度等，工期较长的分部分项工程优先施工。

（4）房屋高低层和高低跨应从高低层或从高低跨并列处开始施工

例如，在高低层并列的多层建筑物中，应先施工层数多的区段；在高低跨并列的仿古建筑结构安装时，应从高低跨并列处开始吊装。

（5）施工现场条件和施工方案

施工现场场地大小、道路布置和施工方案所采用的施工方法和施工机械也是确定施工流程的主要因素。例如，土方工程施工时，边开挖边余土外运，则施工起点应定在远离道路的一端，由远及近地展开施工。

（6）施工组织的分层分段

划分施工层、施工段的部位（如变形缝）也是决定施工流程应考虑的因素。

（7）分部工程或施工阶段的特点及其相互关系

例如，基础工程选择的施工机械不同，其平面的施工流程则各异；主体结构工程在平面上的施工流程无特殊要求，从哪侧开始均可，但竖向施工一般应自下而上进行；装饰工程竖向的施工流程则比较复杂，室外装饰一般采用自上而下的施工流程，室内装饰分别有自上而下、自下而上、自中而下再自上而中三种施工流程。具体如下：

1）内装饰工程自上而下的施工流程是指古建筑主体工程及屋面防水层完工后，从顶层往底层依次逐层向下进行。其施工流程又可分为水平向下和垂直向下两种，通常采用水平向下的施工流程。采用自上而下施工流程的优点是：以使房屋主体结构完成后，有足够的沉降和收缩期，沉降变化趋向稳定，这样可保证屋面防水工程质量，不易产生屋面渗漏，也能保证室内装修质量，可以减少或避免各工作操作互相交叉，便于组织施工，有利于施工安全，而且也很方便楼层清理。其缺点是：不能与主体及屋面工程施工搭接，故总工期相应较长。

2）内装修工程自下而上的施工流程是指主体结构施工到三层及三层以上时（有两层楼板，以确保底层施工安全），室内装饰从底层开始逐层向上进行，一般与主体结构平行搭接施工。其施工流向又可分为水平向上和垂直向上两种，通常采用水平向上的施工流向。为了防止雨水或施工用水从上层楼板渗漏，而影响装修质量，应先做好上层楼板的面层，再进行本层顶棚、墙面、楼地面的饰面施工。该方案的优点是：可以与主体结构平行搭接施工，从而缩短工期。其缺点是：同时施工的工序多、人员多、工序间交叉作业多，要采取必要的安全措施；材料供应集中，施工机具负担重，现场施工组织和管理比较复杂。因此，只有当工期紧迫时，才会考虑本方案。

3）内装饰工程自中而下再自上而中的施工流程是指主体结构进行到中部后，室内装饰从中部开始向下进行，再从顶层向中部施工。它集前两者的优点于一体，适用于中、高层建筑的室内装饰工程施工。

6.3.4 确定施工顺序

施工顺序是指分项工程或工序间施工的先后次序。根据如下六个方面来确定：

（1）施工工艺的要求

各种施工过程之间客观存在着的工艺顺序关系，随着房屋结构构造的不同而不同。在确定施工顺序时，必须服从这种关系。例如，砖石古塔纠偏加固时，必须采用灌浆加固等方法后，才能进行整体的纠偏工作。

（2）施工方法和施工机械的要求

不同施工方法和施工机械会使施工过程的先后顺序有所不同。

（3）施工组织的要求

除施工工艺、机械设备等的要求外，施工组织也会引起施工过程先后顺序的不同。

（4）施工质量的要求

施工过程的先后顺序会直接影响到工程质量。例如，基础的回填土，特别是从一侧进行的回填土，必须在砌体达到必要的强度以后才能开始，否则砌体的质量会受到影响。

（5）古建筑所在地气候的要求

不同地区的气候特点不同，安排施工过程应考虑到气候特点对工程的影响。例如，在华东、中南地区施工时，应当考虑雨期施工的特点。土方、砌墙、屋面等工程应当尽量安排在雨期和冬期到来之前施工，而室内工程则可以适当推后。

（6）安全技术的要求

合理的施工顺序，必须使各施工过程的搭接不至于引起安全事故。例如，不能在同一施工段上一边铺屋面板，一边又在进行其他作业。

6.4 施工进度计划

6.4.1 单位工程施工进度计划的作用及分类

单位工程施工进度计划指的是控制工程施工进度和工程竣工期限等各项施工活动的实施计划。它是在既定的施工方案的基础上，根据规定工期和各项资源的供应条件，按照合理的施工顺序及组织要求编制而成的，是单位工程施工组织设计的重要内容之一。

（1）单位工程施工进度计划的作用

1）单位工程施工进度计划是施工中各项活动在时间上的反映，是指导施工活动、保证施工顺利进行的重要文件之一。

2）能确定各分部分项工程和各施工过程的施工顺序及其持续时间和相互之间的配合、制约关系。

3）为劳动力、机械设备、物质材料在时间上的需要计划提供了依据。

4）保证在规定的工期内完成符合工程质量的施工任务。

5）为编制季度、月生产作业计划提供依据。

（2）单位工程施工进度计划的分类

单位工程施工进度计划按工程项目划分的粗细程度，可分为控制性与指导性施工进度计划两类。控制性施工进度计划是按分部工程项目进行编制的，不但对整个工程施工进度及竣工验收起一定的控制调节作用，同时还为指导性施工进度计划提供编制的依据；指导性施工进度计划是按分项工程（或施工过程）编制而成的，它不仅确定了各分项工程或施工过程的施工时间及相互搭接的配合关系，用以指导日常施工，而且也为整个工程所需的劳动力配置和数量、资源需要计划的编制提供了依据。

控制性施工进度计划主要用于工程结构复杂、规模大、工期长、施工任务不明确、需要跨年度的工程施工；而指导性施工进度计划则用于施工任务明确、各项资源供应正常、规模较小的中小型工程的施工。需要编制控制性施工进度计划的单位工程，当各分部工程的施工条件基本落实之后，在施工之前还应编制指导性施工进度计划。

6.4.2 单位工程施工进度计划的编制依据和程序

（1）单位工程施工进度计划的编制依据

1）经过审批的建筑总平面图、地形图、全部工程施工图及水文、地质气象等资料；

2）工程预算文件；

3）建设单位（业主）或上级规定的开竣工日期；

4）单位工程的施工方案；

5）劳动定额及机械台班定额；

6）施工企业（承包商）的劳动资源能力；

7）其他有关的要求和资料。

（2）单位工程施工进度计划的编制程序

单位工程施工进度计划的编制程序如图 6-2 所示。

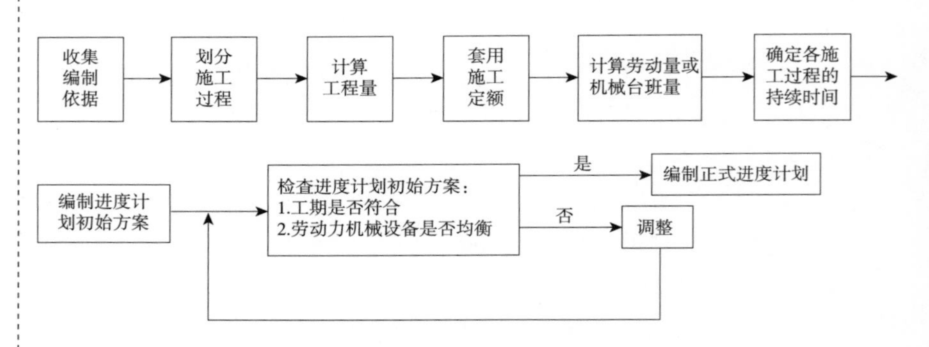

图 6-2 单位工程施工进度计划的编制程序

6.4.3 单位工程施工进度计划的编制方法与步骤

（1）划分施工过程

在确定施工过程时，应注意以下几个问题：

1）施工过程划分的粗细程度，主要根据单位工程施工进度计划的客观作用确定。

2）施工过程的划分，要结合所选择的施工方案。

3）注意适当简化施工进度、计划内容，避免工程项目划分过细，重点不突出。

4）所有施工过程应大致按施工顺序先后排列，所采用的施工项目名称可参考现行定额手册上的项目名称。分部分项工程一览表见表 6-2。

分部分项工程一览表　　表 6-2

项次	分部分项工程名称	项次	分部分项工程名称
	一、地下工程	5	壁板吊装
1	挖土	6	……
2	垫层		
3	砖基础		
4	回填土		
	二、大模板主体结构工程		

（2）计算工程量

当确定了施工过程之后，应计算每个过程的工程量。工程量应根据施工图纸、工程量计算规则及相应的施工方法进行计算。实际就是按工程的几何形体进行计算。计算时应注意以下几个问题：

1）注意工程量的计量单位。每个施工过程工程量的计量单位应与采用的施工定额的计量单位相一致。如模板工程以平方米为计量单位，绑扎钢筋以吨为计量单位，混凝土以立方米为计量单位等。这样，在计算劳动量、材料消耗量及机械台班量时就可直接套用施工定额，不再进行换算。

2）注意采用的施工方法。计算工程量时，应与采用的施工方法相一致，以便计算的工程量与施工的实际情况相符合。例如：挖土时是否放坡，是否加工作面，坡度和工作面尺寸是多少；开挖方式是单独开挖、条形开挖，还是整片开挖等，不同的开挖方式，土方量相差是很大的。

3）正确取用预算文件中的工程量。如果编制单位工程施工进度计划时，已编制出预算文件（施工图预算或施工预算），则工程量可从预算文件中抄出并汇总。但是，施工进度计划中某些施工过程与预算文件的内容不同或有出入（如计量单位、计算规则、采用的定额等），则应根据施工实际情况加以修改，调整或重新计算。

（3）套用施工定额

确定了施工过程及其工程量之后，即可套用施工定额（当地实际采用的劳动定额及机械台班定额），以确定劳动量和机械台班量。

在套用国家或当地颁发的定额时，必须注意结合本单位工人的技术等级、实际操作水平，施工机械情况和施工现场条件等因素，确定定额的实际水平，使计算出来的劳动量、机械台班量符合实际需要。

有些采用新技术、新材料、新工艺或特殊施工方法的施工过程，定额中尚未编入，这时可参考类似施工过程的定额、经验资料，按实际情况确定。

（4）计算劳动量及机械台班量

根据工程量及确定采用的施工定额，即可进行劳动量及机械台班量的计算。

1）当某一施工过程是由两个或两个以上不同分项工程合并而成时，其总劳动量应按下式计算：

$$P_{总}=\sum_{i=1}^{n}P_i=P_1+P_2+\cdots+P_n \tag{6-1}$$

2）当某一施工过程是由同一工种，但不同做法、不同材料的若干个分项工程合并而成时，应先按式（6-2）计算其综合总量定额，再求其劳动量。

$$\overline{S}=\frac{\sum_{i=1}^{n}Q_i}{\sum_{i=1}^{n}P_i}=\frac{Q_1+Q_2+\cdots+Q_n}{P_1+P_2+\cdots+P_n}=\frac{Q_1+Q_2+\cdots+Q_n}{\frac{Q_1}{S_1}+\frac{Q_2}{S_2}+\cdots+\frac{Q_n}{S_n}} \tag{6-2}$$

$$\overline{H}=\frac{1}{\overline{S}} \tag{6-3}$$

式中 $\overline{S}$——某施工过程的综合产量定额（m^3/工日、m^2/工日、m/工日、t/工日等）；

$\overline{H}$——某施工过程的综合时间定额（工日/m^3、工日/m^2、工日/m、工日/t等）；

$\sum_{i=1}^{n}Q_i$——总工程量（m^3、m^2、m、t等）；

$\sum_{i=1}^{n}P_i$——总劳动量（工日）；

Q_1、Q_2、…、Q_n——同一施工过程中各分项工程的工程量；

S_1、S_2、…、S_n——与Q_1、Q_2、…、Q_n相对应的产量定额。

（5）计算确定施工过程的延续时间

根据施工条件及施工工期要求不同，有以下三种方法：

1）根据施工过程需要的劳动量或机械台班量、工人人数或机械台班数确定施工过程的持续天数

这种方法称为"定额计算法"，其计算公式如下：

$$T=\frac{P}{R\times b}=\frac{Q}{R\times S\times b} \tag{6-4}$$

式中 T——施工过程的持续时间（d）；

P——施工过程所需要的劳动量（工日或机械台班量）；

R——该施工过程所配人数或机械台班数；

b——工作班制；

S——施工过程的劳动定额。

【例 6–1】某古建筑挖土需 800 工日，为确保在规定的工期内完成任务，采用两班制生产，每班工人人数为 50 人，则该挖土的持续时间为：

$$T=\frac{P}{R\times b}=\frac{800}{50\times 2}=8\text{d}$$

若采用机械挖土方需要 20 个台班，两班制生产，两台挖掘机作业，则挖土方持续时间为：

$$T=\frac{P}{R\times b}=\frac{20}{2\times 2}=5\text{d}$$

2）按照已定的施工工期倒排进度，确定施工过程持续时间的方法称为“倒排计划法”。此方法建立在确保规定总工期的基础上，按照以往施工经验，从后往前倒排出各施工过程持续时间，从而完整绘制进度计划。在取得各施工过程持续时间后，利用下式计算每天所需要的班组人数或机械的台班数，即

$$R=\frac{P}{T\times b}\tag{6-5}$$

式中　T——施工过程的持续时间（d）；

R——施工过程所配置的班组人数或机械台班数。

【例 6–2】由某古建筑施工采用人工开挖，计算得到劳动量为 600 工日。两班制作业，按工期要求并根据施工经验确定持续时间为 5d，则每天需挖土的人数为：

$$R=\frac{P}{T\times b}=\frac{600}{5\times 2}=60\text{人}$$

若采用机械开挖，经计算得到的机械台班量为 12 台班，两班作业，按工期要求并根据施工经验确定挖土持续时间为 2d，则每天需要挖土机械台班数为：

$$R=\frac{P}{T\times b}=\frac{12}{2\times 2}=3\text{台}$$

3）经验估计法

经验估计法指根据以前的施工经验并按照实际的施工条件估算各施工项目的持续时间，这一方法是建立在大量施工实践经验基础上的。由于施工条件、企业管理水平、工人技术水平等诸多不同因素的影响，经验估算法所取得的持续时间也是不太准确的。但由于其简便易行，故目前此法仍然被广泛地应用在建筑施工进度计划的编制中。

（6）初排施工进度（以横道图为例）

上述各项计算内容确定之后，即可编制施工进度计划的初步方案。编

制方法有以下两种。

1）根据施工经验直接安排的方法

这种方法是根据经验资料及有关计算，直接在进度表上画出进度线。其一般步骤是：先安排主导施工过程的施工进度，然后再安排其余施工过程，它应尽可能配合主导施工过程并最大限度地搭接，形成施工进度计划的初步方案。总的原则应使每个施工过程尽可能早地投入施工。

2）按工艺组合组织流水的编制方法

这种方法就是先按各施工过程（即工艺组合流水）初排流水进度线，然后将各工艺组合最大限度地搭接起来。

（7）检查与调整施工进度计划

施工进度计划初步方案编出后，应根据业主和有关部门的要求、合同规定及施工条件等，先检查各施工过程之间的施工顺序是否合理、工期是否满足要求、劳动力等资源消耗是否均衡，然后再进行调整，直至满足要求，正式形成施工进度计划。总的要求是在合理的工期下尽可能地使施工连续进行，这样便于资源的合理安排。

6.4.4 单位工程施工进度计划执行中的检查与调整

（1）施工顺序检查与调整

施工进度计划中施工顺序的检查与调整主要考虑以下几点：各个施工过程的先后顺序是否合理；主导施工过程是否最大限度地进行流水与搭接施工；其他的施工过程是否与主导施工过程相配合，是否影响到主导施工过程的实施以及各施工过程中的技术组织时间间歇是否满足工艺及组织要求，如有错误之处，应给予调整或修改。

（2）施工工期检查与调整

施工进度计划安排的施工工期应满足上级规定的工期或合同中要求的工期。不能满足时，则需要重新安排施工进度计划或改变各分部分项工程流水参数等进行修改与调整。

（3）劳动量消耗的均衡性

对单位工程或各个工种而言，每日出勤的工人人数应力求不发生过大的变动，也就是劳动量消耗应力求均衡，劳动量消耗的均匀性是用劳动量消耗动图表示的。它是根据施工进度计划中各施工过程所需要的班组人数统计而成的，一般画在施工进度水平表中对应的施工进度计划的下方。

在劳动量消耗动态图上，不容许出现短时期的高峰或长时期的低陷情况，如图 6-3（a）、图 6-3（b）所示。

图 6-3（a）所示为短时期的高峰，即短时期工人人数多，这表明相应

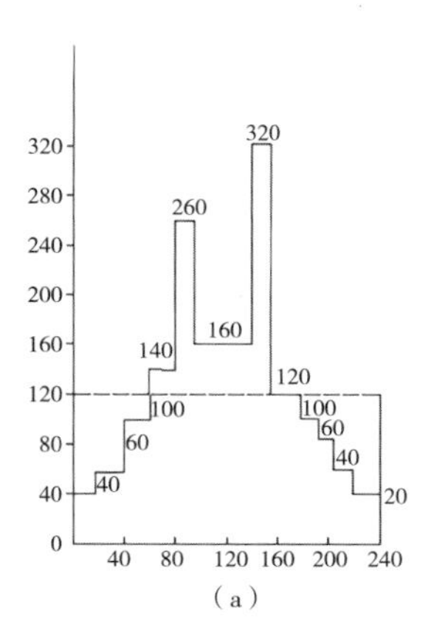

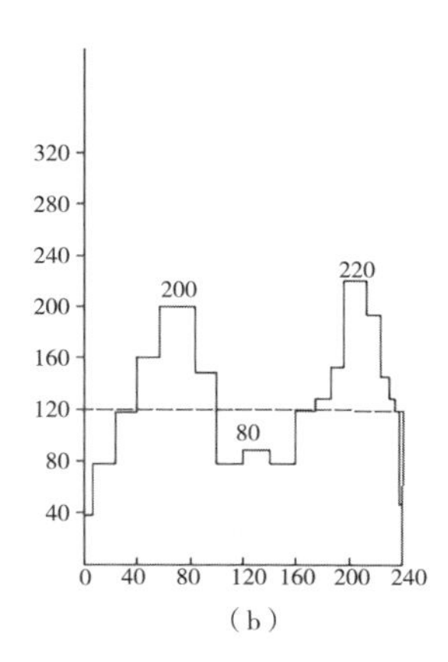

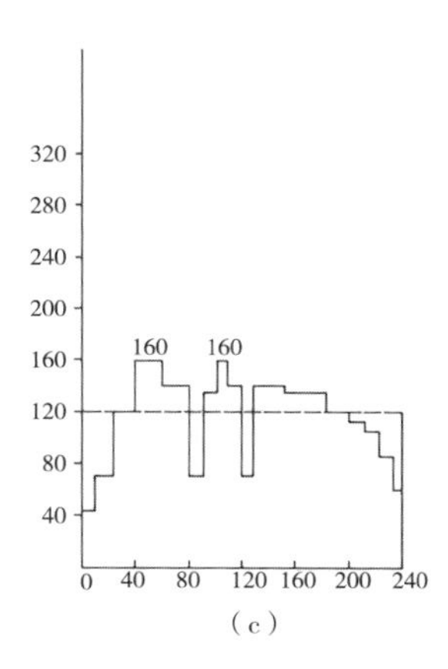

图 6-3 劳动力消耗动态图
(a) 短时期高峰；
(b) 长时期低陷；
(c) 短时期低陷

增加了为工人服务的各种临时设施。图 6-3（b）所示长时期的低陷，说明在长时间内所需工人人数少，如果工人不调出，则将发生窝工现象，如果工人调出，则各种临时设施不能充分利用。图 6-3（c）所示为短时期的低陷。这是可以容许的，因为这种情况不会发生什么显著影响，只要把少数工人的工作量重新安排，窝工现象就可以消除。

劳动消耗的均衡性可用劳动力均衡性系数 K 进行评价：

$$K=\frac{\text{最高峰施工期间工人人数}}{\text{施工期间每天平均工人人数}} \tag{6-6}$$

K 值最理想为 1，在 2 以内为好，超过 2 为不正常，应予修改与调整。

（4）主要施工机械的利用程度

在编制的施工进度计划中，主要施工机械通常是指混凝土搅拌机、灰浆搅拌机、自行式起重机、塔式起重机等，要求机械利用程度高，可以充分发挥机械效率，节约资金。

应当指出，上述编制施工进度计划的步骤并不是孤立的，有时是相互联系在一起的，有时还可以同时进行。但由于建筑施工受客观条件影响的因素很多，如气候、材料供应、资金等，使其经常不符合设计的安排，因此在工程进行中应随时掌握施工情况，经常检查，不断进行计划的修改与调整。

6.5 施工准备及各项资源需要量计划

6.5.1 施工准备工作计划

单位工程施工准备工作计划包括技术准备、现场准备、资金准备等工作计划。

（1）技术准备工作计划

技术准备工作计划应包括施工所需技术资料的准备、施工方案编制计划、试验检验及设备调试工作计划、样板制作计划等。

1）制订提供施工现场使用的技术资料计划。根据单位工程设计文件、合同要求制订提供施工现场使用的有关技术规范、标准、规程、图集、企业标准等技术资料计划。

2）制订主要施工方案编制计划。主要分部（分项）工程和专项工程在施工前应单独编制施工方案，可根据工程进展情况，分阶段编制完成。

3）制订试验检验及设备调试工作计划。应根据现行规范、标准中的有关要求及工程规模、进度等实际情况制订。

4）制订样板制作计划。根据施工合同或招标文件的要求并结合工程特点制订。

（2）现场准备工作计划

应根据现场施工条件和工程实际需要，明确现场施工障碍物，修筑现场施工临时道路，建造现场生产、生活等临时设施，建立现场施工测量控制网。

1）清除现场障碍物，实现"六通一平"等工作计划；

2）现场控制网测量工作计划；

3）建造各项施工设施工作计划；

4）做好冬雨期施工准备工作计划；

5）组织施工物资和施工机具进场工作计划。

（3）资金准备工作计划

根据施工进度计划编制资金使用计划。

（4）编制施工准备工作计划

为落实各项施工准备工作，加强对施工准备工作的监督和检查，根据已确定的施工方案、施工方法及进度计划的要求编制上述各项施工准备工作计划。

施工准备工作通常以计划表格形式表示，见表6-3。

6.5.2 各项资源需要量计划

资源需要量计划指的是施工所需要的劳动力、材料构件、半成品构件及施工机械计划，应在单位工程施工进度计划编制好后，按施工进度计划、

施工准备工作计划　　表6-3

序号	准备工作名称	准备工作内容	主办单位	协办单位	完成时间	负责人

施工图纸及工程量等资料进行编制。编制这些计划，不仅可以保证施工进度计划的顺利实施，也为做好各种资源的供应调配、落实提供了依据。

（1）劳动力需要量计划

劳动力需要量计划，主要是为安排施工现场的劳动力，平衡和衡量劳动力消耗指标，安排临时生活福利设施提供依据。其编制方法是将各施工过程所需的主要工种的劳动力，按施工进度计划的安排进行叠加汇总而成。其表格形式见表 6–4。

劳动力需要量计划表 **表 6–4**

序号	工种名称	劳动量（工日）	× 月					× 月				
			1	2	3	4	……	1	2	3	4	……

（2）主要材料需要量计划

主要材料需要量计划是用作施工备料、供料、确定仓库和堆场面积及做好运输组织工作的依据。其编制方法是根据施工进度计划表、施工预算中的工料分析表及材料消耗定额、储备定额进行编制。其表格形式见表 6–5。

主要材料需要量计划表 **表 6–5**

序号	材料名称	规格	需要量		供应时间	备注
			单位	数量		

（3）构件和半成品构件需要量计划

构件、半成品构件的需要量计划主要用于落实加工订货单位，并按照所需规格、数量和时间组织加工、运输及确定仓库或堆场。它是根据施工图和施工进度计划编制的。其表格形式见表 6–6。

构件和半成品构件需要量计划表 **表 6–6**

序号	构件名称	规格	图号	需要量		使用部位	加工单位	供应时间	备注
				单位	数量				

（4）商品混凝土需要量计划

商品混凝土需要量计划主要用于落实购买商品混凝土，以便顺利完成混凝土的浇筑工作。商品混凝土需要量计划是根据混凝土工程量大小进行编制的。其表格形式见表6-7。

商品混凝土需要量计划表 表6-7

序号	混凝土使用地点	混凝土规格	计量单位	数量	供应时间	备注

（5）施工机械需要量计划

施工机械需要量计划主要是确定施工机具的类型、规格、数量及使用时间，并组织其进场，为施工的顺利进行提供有力保证。编制的方法是将施工进度计划表中的每一个施工过程所用的机械类型、数量，按施工日期进行汇总。在安排施工机械进场时间时，应考虑到某些机械需要铺设轨道、拼装和架设的时间，如塔式起重机等。其格式见表6-8。

施工机械需要量计划表 表6-8

序号	机械名称	规格型号	需求量		货源	使用起止日期	备注
			计量单位	数量			

6.6 主要施工方案

正确地拟定施工方法和选择施工机械，是施工方案的核心内容，它直接影响工程施工的工期、施工质量和安全，以及工程的施工成本。一个工程的施工过程、施工方法和施工机械均可采用多种形式。施工组织设计就是要在若干个可行方案中，选取适合客观实际的较先进合理又最经济的施工方案。

6.6.1 施工方案

仿古建筑施工常用的施工方案主要包括以下内容：

（1）土方工程

1）确定基坑基槽、土方开挖方法、工作面宽度、放坡坡度、土壁支撑形式、所需人工机械的数量。

2）余土外运方法，所需机械的型号和数量。

3）地下、地表水的排水方式，排水沟、集水井、井点的布置，所需设备的型号和数量。

（2）基础工程

我们常说一句话"万丈高楼平地起"，比喻事物从无到有，也指要建高楼，先要打好基础。基础作为房屋最下方构件，承载着房屋的使用安全，我们尤其应该重视基础的施工方案合理性。

1）桩基础施工中应根据桩型及工期，选择所需机具型号和数量。浅基础施工中应根据垫层、承台、基础的施工要点，选择所需机械的型号和数量。

2）地下工程施工中应根据防水要求，留置、处理施工缝，大体积混凝土的浇筑要点、模板及支撑要求选择所需机具型号和数量。

（3）砌体工程

1）砌筑工程中根据砌体的砌筑方式、方法及质量要求，进行弹线、立皮数杆、标高控制和轴线引测。

2）选择砌筑工程中所需机具型号和数量。

（4）混凝土工程

1）确定模板类型及支模方法，进行模板支撑设计。

2）确定钢筋的加工、绑扎、焊接方法，选择所需机具型号和数量。

3）确定混凝土的搅拌、运输、浇筑、振捣、养护、施工缝的留置和处理，选择所需机具型号和数量。

（5）结构吊装工程

1）确定构件的预制、运输及堆放要求，选择所需机具型号和数量。

2）确定构件的吊装方法，选择所需机具型号和数量。

（6）屋面工程

1）确定屋面工程防水层的做法、施工方法，选择所需机具型号和数量。

2）确定屋面工程施工中所用材料及运输方式。

（7）装修工程

1）室内外装修工艺的确定。

2）确定工艺流程和流水施工的安排。

3）装修材料的场内运输，减少二次搬运的措施。

（8）现场垂直运输、水平运输及脚手架等搭设

1）确定垂直运输及水平运输方式、布置位置、开行路线，选择垂直运输及水平运输机具型号和数量。

2）根据不同建筑类型，确定脚手架所用材料、搭设方法及安全网的挂设方法。

存世古建筑修缮常用的施工方案可包括以下内容，可根据实际情况确定：

（1）整体结构维修

1）拆除屋面，揭顶落架，拆除屋面小青瓦、屋脊等。

2）拆除墙体，对砖砌体需采取加固措施，以确保完好无损地整体搬取下来，整体取下后进行重点保护，等待复原。

3）采用打牮拨正的方法对拨榫、歪闪、松动的木构件进行加固，替换严重虫蛀、虫蚀的柱子，劈裂的柱子采用铁箍加固。

4）拆除风化的地面石板、阶岩石、条石踏步并更换。

5）采用传统顶升方法，将山门、厢房、殿堂整理抬升。

6）对木柱子与石礅接触处作防腐处理。

7）屋面及屋脊、屋饰复原，在屋面安装防雷设施等。

8）完善木质装饰，补齐照面梁、封窗、天观罩、雀替等装饰构件。

9）完善室外工程、建筑四周散水暗沟的修复，增加石沟盖板，将原来的明沟排水改为暗沟排水。

（2）重新抹灰

1）外墙抹灰时按以下步骤。基层处理：将原墙面上残存砂浆、污垢、灰尘清理干净，湿润墙面；底层砂浆：抹底层砂浆，表面无孔洞、无砂眼、无划痕；面层砂浆：再抹水泥砂浆面层，并随抹随养护；喷涂涂层：随下落架子一直抹到底后，再将架子升起，从上往下喷涂涂层，以保证涂层的颜色一致；外挑构造：砂浆外墙易污染处宜作外挑构造保护。外窗台向窗两边伸出的长度应一致，宜等于窗台的宽度，窗外口及侧面应做出 R 形滴水线。

2）内墙抹灰时按以下步骤。基层处理：墙体表面的灰尘、油渍应事先清理干净，并浇水湿润；铺网：填充墙与其他梁、柱面等连接处应用钢板网铺钉平整，各边钢板网铺钉宽度不小于 150mm；门窗框与墙体交接处，必须用水泥砂浆加少量麻丝分层嵌塞密实，缝隙较大，须用细石混凝土堵塞；护角：柱面阳角和门窗洞口的阳角处容易碰坏，应先做 1 ∶ 2 水泥砂浆护角；底层砂浆：抹灰前应浇水湿润，抹底子灰必须分二次进行，严禁一次抹得过厚，一般抹灰层总厚度应控制在 20mm 以内；面层砂浆：在底子灰六七层干后，浇水湿润，抹纸筋灰面层，用铁抹子两遍成活，厚度不大于 2mm。

3）顶棚抹灰时按以下步骤。表层处理：顶棚表面的灰尘、油渍应事先清理干净，并浇水湿润；底层砂浆：抹灰前应浇水湿润，用 1 ∶ 0.3 ∶ 3 混合砂浆抹底子灰必须分两次进行，严禁一次抹得过厚，一般抹灰层总厚度应控制在 20mm 以内；面层砂浆：在底子灰六七层干后，浇水湿润，抹 1 ：0.5 ：2.5 混合砂浆面层，用铁抹子两遍成活，厚度不大于 2mm。

（3）油漆饰面

油漆饰面时按以下步骤进行。

1）原材料确定

于古建筑油漆饰面开工前将油漆的品牌、色卡以及成品样品提交建设方，经确认后始得进料。所有施工工艺、验收标准以及基层处理方法、油漆遍数等施工方应于开工前提交建设、监理方，经核准后始得施工。防火乳胶漆的品牌施工方应首先取得消防单位的同意后，方可施工作业。

2）基层处理

①木材。木材表面的缝隙、毛刺和油污等应先修整，并用腻子填补，用砂纸磨光。油漆施工时，应在木材基层满刮腻子，并用砂纸打磨，遍数不少于两遍。

②金属。现场油漆的金属表面，将金属表面的灰尘、油渍、鳞皮、锈斑、焊渣、毛刺等清除干净，涂刷防锈漆，防锈漆涂刷遍数不少于两遍。现场组装的金属构件，均应用酸洗除锈，油漆采用静电粉漆喷涂，并用烤箱烤漆。

3）油漆施工

施工工艺流程：清理、除钉、去油污→修复平整→节疤处打磨，并涂抹漆片（树脂）→打油底→局部刮腻→磨光→第二遍油漆→磨光→局部补腻→第三遍油漆。

其中，铁件油漆除有规定外采用喷漆，木材表面油漆应做到横平竖直、纵横交错、均匀一致，清漆应视木质及工艺要求决定油漆遍数，每遍漆后均应用砂纸磨光。油漆施工时，施工方应负责对周围其他工程的成品保护，以防止污染其他工程项目及环境。

（4）砖地面重铺

砖地面重铺时按以下步骤进行：基层处理→弹线→预铺→铺贴→勾缝→清理→成品保护→分项验收。

1）基层处理：将尘土、杂物彻底清扫干净，不得有空鼓、开裂及起砂等缺陷。

2）弹线：施工前在墙体四周弹出标高控制线，在地面弹出十字线，以控制地砖分隔尺寸。不规则房间排砖考虑室内设施布置，尽量将小角砖放在隐蔽或次要位置。

3）预铺：在铺贴前对砖的规格尺寸、外观质量、色泽等进行预选，并先湿润，阴干待用。房间归方和选砖之后，按照排砖图（根据地砖的规格确定）进行双方向冲筋，以确定面砖的排列、面砖的标高，从而保证面砖的平整。

4）铺贴：面砖粘贴的过程中，应当根据面砖冲筋的间距进行拉线铺贴，保证砖缝平直，面层平整。地砖铺贴前，将基层润湿，扫素水泥浆（内掺建筑胶）一道，随即铺设 1 ：2 水泥砂浆结合层（稠度为 25 ~ 35mm）镶贴面砖。在面砖铺贴的过程中，随铺随进行清缝，防止缝隙内的砂浆达到强度后清理不彻底，在勾缝的过程中形成“假缝”，同时尽可能避免出现“瞎缝”。

5）勾缝：待铺贴砂浆达到上人强度且不因踩踏空鼓后宜随即进行勾缝。缝的深度宜为砖厚的 1/3，勾缝采用同品种、同强度等级、同颜色的水泥。同时应随做随即清理面层的水泥，并做好面层的养护和保护工作。

6.6.2 施工机械

（1）选择施工机械时考虑的主要因素

1）应根据工程特点，选择适宜主导工程的施工机械，所选设备机械应在技术上可行，在经济上合理。

2）在同一个建筑工地上所选机械的类型、规格、型号应统一，以便于管理和维护。

3）尽可能使所选机械一机多用，提高机械设备的生产效率。

4）选择机械时，要考虑到施工企业工人的技术操作水平，尽量选用施工企业已有的施工机械。

5）各种辅助机械或运输工具应与主导机械的生产能力协调配套，以充分发挥主导机械的效率。

（2）施工机械的选择

施工中机械的使用直接影响到工程施工效率、质量及成本。在选择时应注意以下几点：

1）首先选择主导工程的施工机械，如地下工程的土方机械，主体结构工程的垂直、水平运输机械，结构吊装工程的起重机械等。

2）各种辅助机械或运输工具应与主导机械的生产能力协调配套，以充分发挥主导机械效率。如土方工程在采用汽车运土时，汽车的载重量应为挖土机斗容量的整数倍，汽车的数量应保证挖土机连续工作。

3）在同一工地上，应力求建筑机械的种类和型号尽可能少一些，以利于机械管理。

4）机械选择应考虑充分发挥施工单位现有机械的能力，当本单位的机械能力不能满足工程需要时，则应购置或租赁所需新型机械。

6.6.3 主要技术组织措施

技术组织措施是指在技术和组织方面对保证工程质量、保证施工进度、降低工程成本和文明安全施工制订的一套管理方法。主要包括技术、工程质量、安全及文明生产、降低成本等措施。

(1) 保证工程质量的措施

保证工程质量措施，一般考虑下列几个方面：

1) 采用新工艺、新材料、新技术、新结构施工时，为保证工程质量，制订有针对性的技术质量保证措施。

2) 保证放线、定位、标高测量等正确无误的措施。

3) 保证地基承载力及各种基础和地下结构施工质量的措施。

4) 主体结构工程中关键部位的施工质量措施。

5) 复杂工程、特殊工程施工的技术措施。

6) 常见的、易发生质量通病的改进方法及防范措施。

7) 各种材料或构件进场使用前的质量检查措施。

8) 冬雨期施工的质量保证措施。

(2) 保证施工安全的措施

保证施工安全的措施，主要有以下几个方面：

1) 建筑施工中安全教育的具体方法，新工人上岗前必须进行安全教育及岗位培训。

2) 针对拟建工程的特点、地质和地形特点、施工环境、施工条件等，提出预防可能产生突发性的自然灾害的技术组织措施和具体的实施办法。

3) 高空作业安全防护和保护措施，人工及机械设备的安全生产措施。

4) 安全用电、防火、防爆、防毒等措施。

5) 保护现场施工及交通车辆安全的管理措施。

6) 使用新工艺、新技术、新材料时的安全措施。

(3) 降低成本措施

降低成本措施主要是根据工程的具体情况按分部分项工程提出拟定的节约内容及方法，计算有关的技术经济指标，分别列出节约工料数量及金额。其内容包括：

1) 合理地使用人力，降低施工费用。

2) 合理进行土石方平衡，节约土方运输费及人工费。

3) 综合利用吊装机械，做到一机多用，提高机械利用率，节约成本。

4) 增收节支，减少管理费的支出。

5) 利用新工艺、新技术、新材料降低成本。

6) 精心组织且科学地进行物资管理，精心组织物资的采购、运输及现场管理，最大限度地降低原材料、成品及半成品构件的成本。

（4）现场文明施工措施

1）施工现场的围墙与标牌，出入口与交通安全的标志。

2）临时工程的规划与搭建，临时房屋的安排与卫生。

3）各种材料、成品与半成品构件的堆放与管理。

4）施工机械的安设及维护。

5）安全、消防、噪声的防范和建筑垃圾的运输及处理。

（5）季节性施工措施

1）冬期施工措施。

2）高温季节施工措施。

3）雨期施工措施。

4）台风季节施工措施。

6.6.4 施工方案评价

因每一施工过程都可以采用多种不同的施工方法和施工机械来完成，所以评定施工方案的优劣时，应首先在所拟定的技术上可行的几个方案的基础上，从现有的或可能获得的技术经济评价指标的实际情况出发，将技术上可行与经济上合理统一起来，进行方案比较，从中选出经济上最优的方案。

最常见的技术经济评价指标是：单位产品（工程）成本、劳动消耗量和施工工期。此外，当选用某种机械化的施工方案需增加新的投资时，其投资额也要加以考虑。

6.7 施工重难点分析

中国历史上留下了大量的文化瑰宝，这其中不乏一些历经烽火战乱、时间洗礼的古代建筑，他们是中华民族悠久文明和不屈精神的象征，但也由于它们身上具有的宝贵价值，当这些古建筑由于时间的“冲刷”，而遭到一定程度的损伤时，在修缮的时候对其复原的标准和要求也应随之提高。不仅需要尽量维持它的原貌，对于其中包含的一些建筑技巧，也要尽量保存，不得破坏。下面以古建筑屋面及木结构古建筑修缮过程中所碰到的一些难点和相关的应对措施作简单探讨。

6.7.1 屋面工程翻新施工

古建筑不同于现代建筑，一般构造形式复杂多变。屋面常见的形式有歇山、悬山、硬山、攒尖等（图 6-4），它的组成部分也很复杂，一般有角脊、

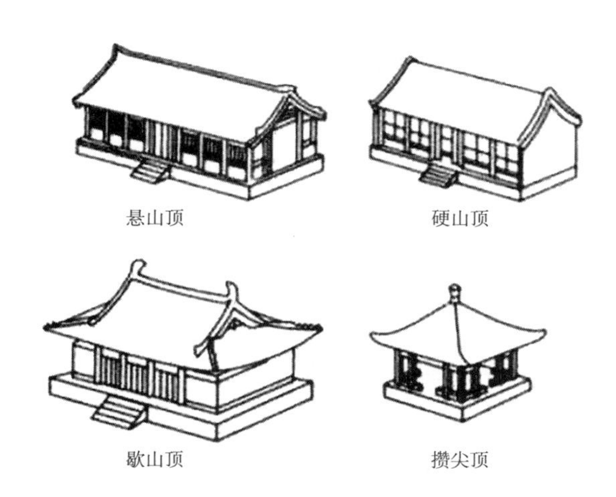

图 6-4 古建筑屋顶形式

博脊、正脊、瓦面等。古建筑不仅构造繁复，而且由于古代严苛的等级制度，使得建筑也需根据品类而划分等级，人们在施工建造的过程中所采用的方法也大不相同。这就给修缮施工人员增加了难度，他们必须熟练掌握各种建筑屋面的修缮方法，对其施工技术以及制作要求都熟稔于心。

在修复古建筑时，需要做好前期准备并观测好作业条件。前期准备：在拆除前需对现场原有瓦片铺贴情况进行拍照，绘制出瓦片铺设形式和节点收口形式，作为后期恢复依据。小心卸除屋面瓦，可按平瓦质量等级要求挑选，砂眼、裂缝、掉角、缺边、少爪等不符合质量要求的不宜使用，但半边瓦和掉角、缺边的平瓦可用于山檐边、斜沟或斜脊处，其使用部分的表面不得有缺损或裂缝，对特殊部位的异性瓦片（如脊瓦、檐口瓦）需按区域编号，作为后期的参考和依据。

拆卸下来的旧瓦在清洗完瓦上残留的污垢后按要求对瓦件进行挑选和码放，对新采购的旧瓦进行选样比对，外观、颜色相一致才能使用。平瓦在运输堆放时避免多次倒运，要求平瓦长边侧立堆放，最好一顺一倒合拢靠紧，堆放成长条形，高度以 5 ～ 6 层为宜，堆放、运瓦时要稳拿轻放。

6.7.2 木结构古建筑修缮

木结构古建筑在古建筑中占比很大，作为古建筑整个结构的框架，它包括柱、梁、斗栱等，在进行修缮过程中，一定要保证修缮材料的自身质量（图 6-5）。木构件制作对于尺寸、位置的要求也更为精细，要考虑木材的更换是否符合

图 6-5 待修缮的木结构古建筑

施工要求，注意木材衔接处的防腐处理措施是否到位，木材构件安装位置是否准确。这些都要求施工时监督单位更加精细、严格的管理检测，防止出现差错。

施工人员在对木材质量进行检查过程中，对于存在腐材、虫眼、弯扭的木材要及时更换。对于木材的防腐修复主要是修复被真菌和昆虫腐蚀的部分，需采取专门的材料技术，防止真菌和昆虫对木材的继续腐蚀。一般步骤包括：整理木材感染部分；清理细腐残质和洞灰；用钢刷清洁被处理的木材；用适当方式对报废物作废弃处理；用预先防腐处理过的木材修补需修理区域；用滚筒涂刷施工、浸透，风干后，喷涂油漆、上光。

（1）刷漆及防腐处理

大多数将要修缮的木结构古建筑都建于20世纪中期以前，已超过百年的历史，由于年代久远，导致其外立面干粘石、木门窗及室内的天花板、木地板、护墙板、木门套均已严重腐蚀，且木质材料内部易产生蚁窝，对木质材料有很大危害，这使得修缮工程的难度加大。

修缮前，需要现场实地考察，进行拍照取样，采集收取回实地信息后，交由相关的历史建筑专家，经讨论研究确定好最佳方案，确保尽可能地根据历史原貌进行修缮。如受损程度太严重，无法修缮，就应按原样复制修缮。在修缮方案最终敲定后，确定相关材料生产厂家，让其根据方案加工、打样、对比，最后经专家和设计人员一致通过后方案才能最终执行。尽量将原建筑的细节做到尽善尽美的仿制，整体和谐统一，尽可能达到或接近原有风貌。

由于年代久远，木制品表面漆膜脱落，本着尽可能保护文物的原则，对尚能修复，并能长时间保持完好的木制品采取修复（或重新刷漆）的处理方法，对木质腐朽、风化严重的部分采取按原式样重新制作的方法。具体操作步骤如下：

1）在修理前必须先翻样，充分了解内容，包括图样、花饰、尺寸等，然后方可进行修理；

2）修复时先将木制品拆除下来进行修理、加固，部分损坏、残缺或木质腐朽的结构采用与原部分相符的材料加以调换，以保证其坚固性和平整度；

3）在修理方正格心屉等花饰时，根据整体布局必须全部连通、接缝严密、厚薄一致；

4）采取专门技术，防止真菌和昆虫对木材的继续腐蚀；

5）用脱漆剂将木制品表面漆膜洗去，花饰内部较难清洗的部位用专用刀具削刮干净，表面不能有刮刀痕迹，用二甲苯清洗至表面无蜡；

6）刷泡力水，补钉眼，用砂纸打磨，再刷泡力水，用砂纸打磨至表面光滑；

7）按要求上色后再刷两遍泡力水，刷蜡克 5~6 遍，用水砂纸打磨光滑；

8）作修色、拼色处理后再刷蜡克 6~7 遍，用棉花球擦拭表面至光洁、细腻；

9）放置一段时间后用水砂纸磨光，刷亚光硝基（酚醛）漆罩面。

（2）防蚁处理

建筑为木结构窗时，蚁害一般情况下在室内木质材料中产生，甚至混凝土中也有白蚁发现。即使现场勘察中未发现有蚁害，进场后仍要在木窗拆除过程中，谨慎仔细观察。发现蚁迹应跟踪打开、检查灭蚁。白蚁的灭治方法分两步：先用粉剂灭治，再用液剂全面防治，这样效果最佳。

6.7.3 各工种交叉作业

修缮古建筑并不是一项普通的工程，而是一项施工工序非常繁杂的工程。需要提前制定好所有的方案流程，才能确保修缮工程高效高质地进行，避免各种作业时间等冲突。

（1）对相关事宜都作出总体规划

1）根据施工总进度计划表及阶段分项、不同区域进度计划，排出设备进退场计划，确保工程所需的各类大小型机械正常就位使用，避免出现工程使用机器冲突等问题，协调好各种作业的进行时间。

2）充分发挥现代设备先进的优越条件，择优选择目前市场上较为先进的机械、优良的设备，不仅可以缩短工期，提高效率，也能更好地协调各项作业的交叉时间。

3）在人员选择调配上，合理调配人员使用设备，做到每段工期设备都充分使用，且使用时间不冲突。

4）由于施工工序繁杂，在施工前期准备阶段，要将所有的施工手续办理好，避免出现文件不及时下达，耽误工期，导致各项施工程序协调不开的情况。

（2）施工中期落实每项工序

1）首先要做好施工区域内的清理工作，对于阻碍了地面放线的苗木要进行移植处理，将水、电等预埋铺设好，以做好后续设备进入修缮的水电供应和老化电路等拆修翻新工作；

2）之后将土壤和灌木改良翻新，铺设新的景观道路，种植草坪；

3）在拆除作业的四周做好围护，拆除作业不得超出围护范围，以免对周边建筑物、花草树木、地面等造成损坏，减少对工作环境的影响；

4）施工前，要认真检查影响拆除工程安全施工的各种管线的切断、迁移工作是否完毕，确认安全后方可施工；

5）清理被拆除建筑物倒塌范围内的物资、设备，不能搬迁的须妥善加以防护；

6）正式施工期间，对于古建筑的新建加固措施，需要清理场地放线、土方开挖施工，对于需要重新修建或加固的地方进行基础施工，整体结构和墙体也要进行加固；

7）工程在结构加固过程中，为了保证结构稳定、施工安全及防止保护部位破坏，对部分结构进行临时加固。

另外，要做好整个古建筑内部的管网定位、雨污管铺设以及配电线铺设等工作。施工技术人员要弄清建筑物的结构情况、建筑情况、水电及设备管道情况，切断被拆建筑物的水、电、煤气管道等。通过现场的实际勘察，确定电源线路、变电所或配电室、配电装置、用电设备位置及线路走向。对整个用电设备进行用电负荷计算，并选择变压器。设计配电系统，包括确定配电线路、选择导线或电缆；设计接地装置，绘制临时用电工程图纸。设计防雷装置，确定防护措施，制订安全用电措施和电气防火措施。

在拆除工作时，要自上而下按对称顺序进行，先拆非承重结构后拆承重结构，先内墙后外墙，严禁交叉拆除或数层同时拆除。

在整体修缮施工期间，由于分包队伍多，为了加强各分包队伍之间的沟通，总包应通过会议形式进行各方协商，以达到工程顺利开展的目的。

在整体项目执行期间，要主持召开定期的项目经理部会议，对工程施工进度、资金、物资、设备进行总调度和平衡，解决施工过程中的主要矛盾和关键问题，确保工程顺利进行。

6.8 单位工程施工平面图设计

6.8.1 单位工程施工平面图设计的原则和依据

（1）单位工程施工平面图的设计原则

1）在保证工程顺利进行的前提下，平面布置应力求紧凑。

2）尽量减少场内二次搬运，最大限度缩短工地内部运距，各种材料、构件、半成品应按进度计划分批进场，尽量布置在使用点附近，或随运随吊。

3）力争减少临时设施的数量，并采用技术措施使临时设施装拆方便，能重复使用，省时并能降低临时设施费用。

4）符合环保、安全和防火要求。

（2）单位工程施工平面图的设计依据

施工平面图应根据施工方案和施工进度计划的要求进行设计。施工组织设计人员必须在踏勘现场，取得施工环境第一手资料的基础上，认真研究以下有关资料，然后才能做出施工平面图的设计方案。具体资料如下：

1）施工组织设计文件（当单位工程为建筑群的一个工程项目时）及原始资料。

2）建筑平面图，了解一切地上、地下拟建和已建的房屋与构筑物的位置。

3）一切已有和拟建的地上、地下管道布置资料。

4）建筑区域的竖向设计资料和土方调配平衡图。

5）各种材料、半成品、构件等的用量计划。

6）建筑施工机械、模具、运输工具的型号和数量。

7）建设单位可为施工方提供原有房屋及其他生活设施的情况。

6.8.2 单位工程施工平面图设计的主要内容

施工平面图是单位工程施工组织设计的重要组成部分，是对一个建筑物的施工现场的平面规划和空间布置的图示。它是根据工程规模、特点和施工现场的条件，按照一定的设计原则，来正确地解决施工期间所需的各种暂设工程和其他业务设施等永久性建筑物和拟建工程之间的合理的位置关系。其布置是否合理，执行和管理的好坏，对施工现场组织正常生产、文明施工以及对工程进度、工程成本、工程质量和施工安全等都将产生重要的影响。因此，在施工组织设计中应对施工现场平面布置进行仔细研究和周密规划。单位工程施工平面图的绘制比例一般为1 ∶ 200 ～ 1 ∶ 500。

组织拟建工程的施工，施工现场必须具备一定的施工条件，除了做好必要的“六通一平”工作之外，还应布置施工机械、临时堆场、仓库、办公室等生产性和非生产性临时设施，这些设施均应按照一定的原则，结合拟建工程的施工特点和施工现场的具体条件，作出合理、适用、经济的平面布置和空间规划方案。对规模不大的古建筑工程，由于工期不长，施工也不复杂。此时，工程往往要反映其主要施工阶段的现场平面规划布置，一般只需考虑主体结构施工阶段的施工平面布置，当然也要兼顾其他施工阶段的需要。如混合结构工程的施工，在主体结构施工阶段要反映在施工平面图上的内容最多，但随着主体结构施工的结束，现场砌块、构件等的堆场将空出来，某些大型施工机械将拆除退场，施工现场也就变得宽松了，但应注意是否增加砂浆搅拌机的数量和相应堆场的面积。

单位工程施工平面图一般包括以下内容：

1）单位工程施工区域范围内，将已建和拟建的地上、地下建筑物及构筑物的平面尺寸、位置标注出来，并标注出河流、湖泊等的位置和尺寸以及指北针、风向玫瑰图等。

2）拟建工程所需的起重机械、垂直运输设备、搅拌机械及其他机械的布置位置，起重机械开行的线路及方向等。

3）施工道路、现场出入口位置的布置等。

4）各种预制构件堆放及预制场地所需面积、布置位置；材料堆场的占地面积、位置的确定；仓库面积和位置的确定；装配式结构构件的就位位置的确定。

5）生产性及非生产性临时设施的名称、面积、位置的确定。

6）临时供电、供水、供热等管线的布置；水源、电源、变压器位置的确定；现场排水沟渠及排水方向的考虑。

7）土方工程的弃土及取土地点等有关说明。

8）劳动保护、安全、防火及防洪设施布置以及其他需要的布置内容。

6.8.3 单位工程施工平面图设计的步骤

下面通过案例来介绍单位工程施工平面图的绘制步骤，图 6-6 所示为某拟建仿古建筑初始平面图。

（1）确定起重机械的位置

起重机械的位置直接影响仓库、堆场、砂浆和混凝土制备站的位置，

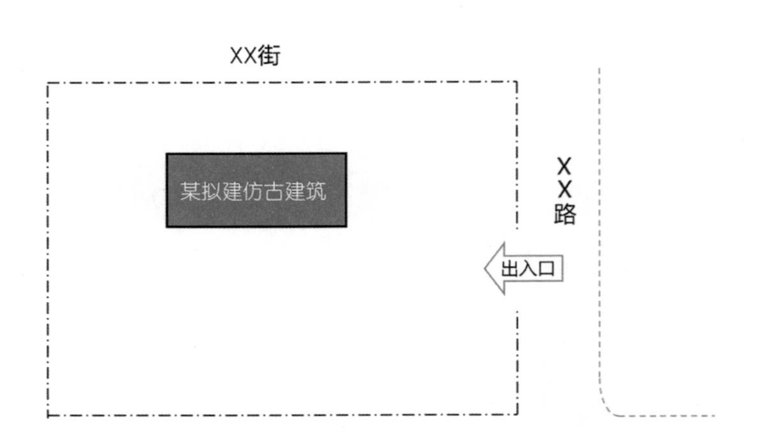

图 6-6 某拟建仿古建筑初始平面图

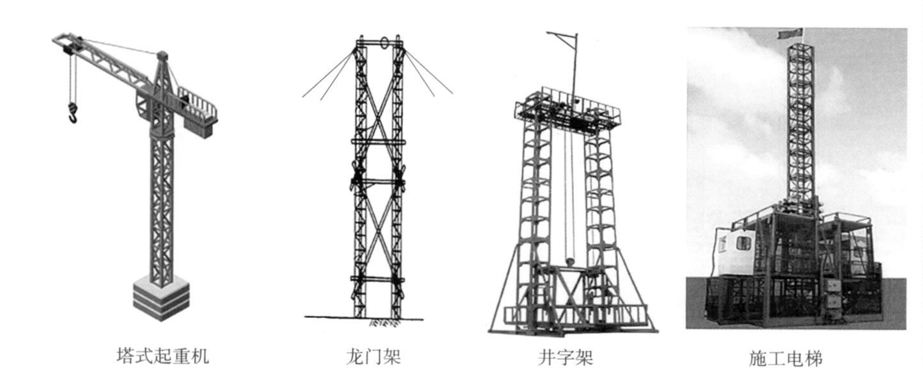

图6-7 常用起重机械

以及道路和水、电线路的布置等，是施工现场全局的中心环节，因此应予以首先考虑。

布置固定式垂直运输设备，常用的包括塔式起重机、龙门架、井字架、施工电梯等，主要根据机械性能、建筑物的平面和大小、施工段的划分、材料进场方向和道路情况而定。其目的是充分发挥起重机械的能力并使地面和楼面上的水平运距最小（图 6-7）。

一般来说，当建筑物各部位的高度相同时，尽量布置在建筑物中部，但不要放在出入口处；当建筑物各部位的高度不同时，布置在高的一侧；若有可能，井字架、龙门架、施工电梯的位置，以布置在建筑的窗口处为宜，以避免砌墙留槎和减少井字架拆除后的修补工作。固定式起重运输设备中卷扬机的位置不应距离起重机过近，以便司机的视线能够看到起重机的整个升降过程。

塔式起重机型号的确定主要考虑三个要素：起重量、起重高度、回转半径。各自确定的条件如图 6-8 所示。

塔式起重机的定位则应使塔式起重机的起重臂尽可能覆盖整个作业场地，减少盲区，避免二次搬运，提高机械使用效率（图 6-9）。充分考虑材料堆场、仓库、施工道路、搅拌机等机械。

当出现多塔作业时，相邻塔式起重机之间的最小架设距离应保证处于低位塔式起重机的起重臂端部与另一台塔式起重机的塔身之间至少有 2m 的距离；处于高位塔式起重机的最低位置的部件与低位塔式起重机中处于

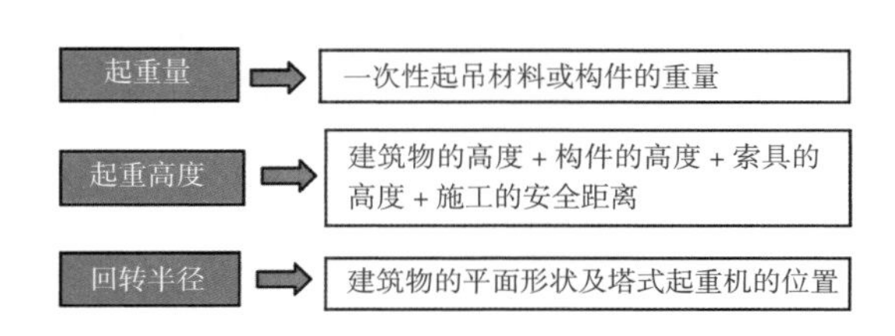

图6-8 三要素的确定条件

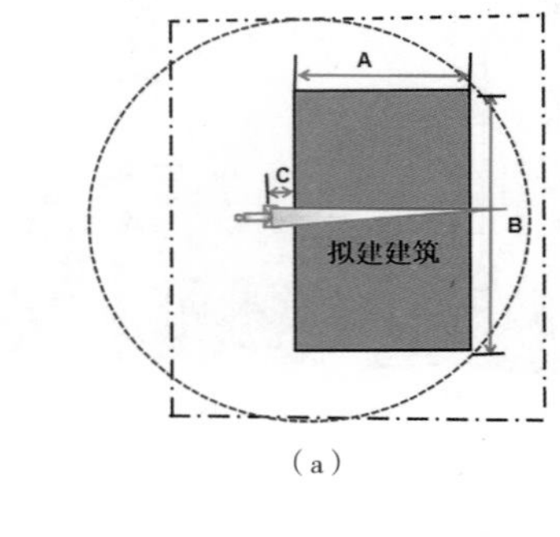

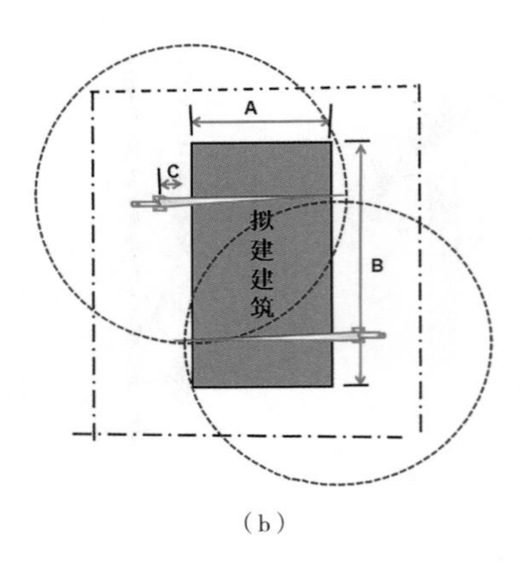

（a）　　（b）

图 6-9　塔式起重机的定位
（a）平面尺寸 A、B 接近，一台塔式起重机；（b）平面尺寸 A、B 相差较大，两台塔式起重机

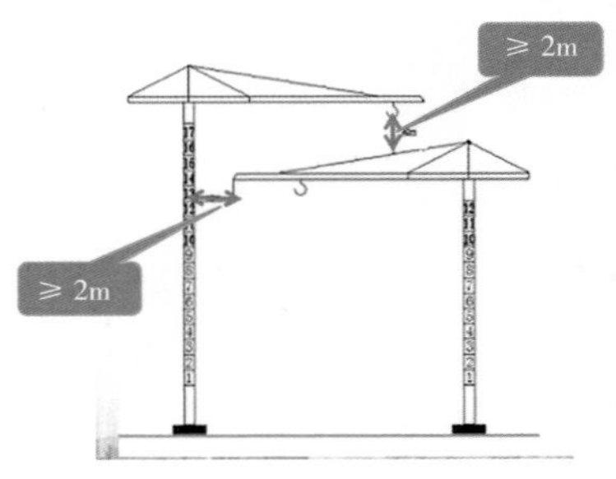

图 6-10　多塔作业安全距离

最高位置的部件之间的垂直距离不应小于 2m（图 6-10）。

图 6-11 所示为图 6-6 中拟建仿古建筑布置完塔式起重机后的平面图。

（2）确定搅拌站、仓库和材料、构件堆场以及工厂的位置

1）位置的确定

搅拌站、仓库和材料、构件堆场的位置应尽量靠近使用地点或在起重机起重距离范围内，并考虑到运输和装卸的方便。

①建筑物基础和第一施工层所用的材料，应该布置在建筑物的四周。材料堆放位置应与基础边缘保持一定的安全距离，以免造成基槽土壁的塌方事故。第二施工层以上所用的材料，应布置在起重机附近。

②砂、砾石等材料应尽量布置在搅拌站附近。

③当多种材料同时布置时，对大宗的、重大的和先期使用的材料，应尽量在起重机附近布置；少量的、轻的和后期使用的材料，则可布置得稍

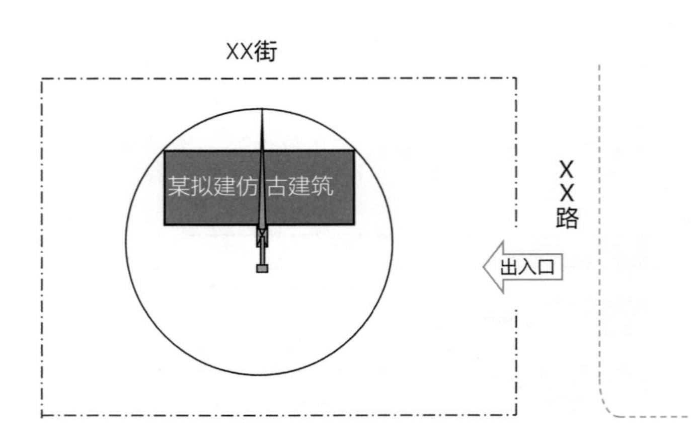

图 6-11　布置完塔式起重机后的平面图

远一些。

④根据不同的施工阶段使用不同材料的特点，在同一位置上可先后布置不同的材料。

2）布置方式

根据起重机械的类型，搅拌站、仓库和堆场位置又有以下几种布置方式：

①当采用固定式垂直运输设备时，须经起重机运送的材料和构件的堆场位置，以及仓库和搅拌站的位置，应尽量靠近起重机布置，以缩短运距或减少一次搬运。

②当采用塔式起重机进行垂直运输时，材料和构件堆场的位置，以及仓库和搅拌站出料口的位置，应布置在塔式起重机的有效起重半径内。

③当采用无轨自行式起重机进行水平和垂直运输时，材料、构件堆场、仓库和搅拌站等应沿起重机运行路线布置。且其位置应在起重臂的最大外伸长度范围内。

木工棚和钢筋加工棚的位置可考虑布置在建筑物四周以外的地方，但应有一定的场地堆放木材、钢筋和成品。石灰仓库和淋灰池的位置要接近砂浆搅拌站并在下风向；沥青堆场及熬制锅的位置要离开易燃仓库或堆场，并布置在下风向。

图 6-12 所示为图 6-6 中拟建仿古建筑布置完搅拌站和材料、构件堆场等位置后的平面图。

（3）施工道路的布置

施工道路的布置要解决运输和消防两个问题。现场主要道路应尽可能利用永久性道路的路面或路基，以节约费用。

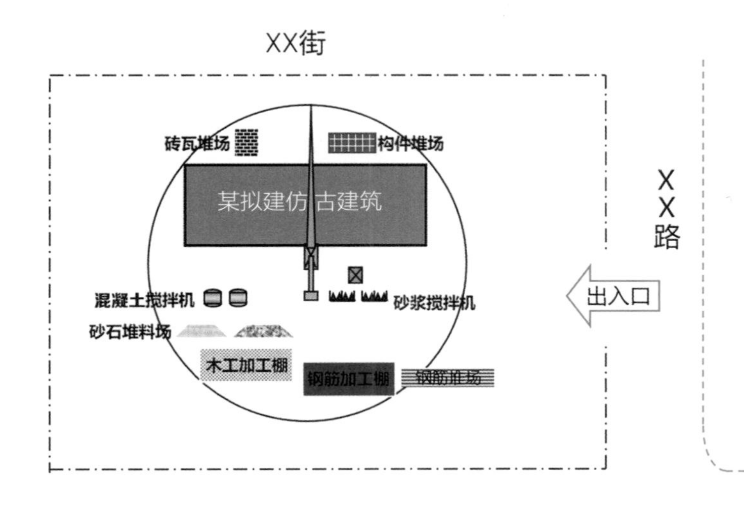

二维码　施工平面布置图的设计步骤（第一讲）

图 6-12　布置完搅拌站和材料、构件堆场等位置后的平面图

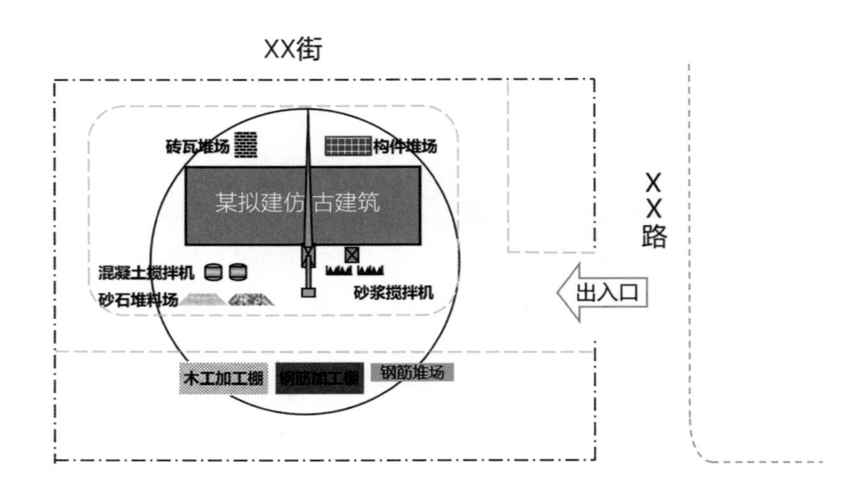

图 6-13 布置完施工道路后的平面图

从运输来看，现场道路布置时要保证行驶畅通，使运输工具有回转的可能性。因此，运输线路最好绕建筑物布置成环形。汽车单行道的现场道路宽度为 3 ～ 3.5m，双行道的宽度为 5.5 ～ 6m。两侧设排水沟。从消防来看，为满足消防要求，消防车道宽度应不小于 3.5m。

图 6-13 所示为图 6-6 中拟建仿古建筑布置完施工道路后的平面图。

（4）临时设施的布置

1）临时设施分类、内容

①施工现场的临时设施可分为生产性与非生产性两大类。

②生产性临时设施内容包括：在现场制作加工的作业棚，如木工棚、钢筋加工棚、白铁加工棚；各种材料库、棚，如水泥库、油料库、卷材库、沥青棚、石灰棚；各种机械操作棚，如搅拌机棚、卷扬机棚、电焊机棚；各种生产性用房，如锅炉房、烘炉房、机修房、水泵房、空气压缩机房等；其他设施，如变压器等。

③非生产性临时设施内容包括：各种生产管理办公用房、会议室、文化文娱室、福利性用房、医务、宿舍、食堂、浴室、开水房、警卫传达室、厕所等。

2）单位工程临时设施布置，应遵循方便使用、有利施工、尽量合并搭建、符合防火安全的原则；同时结合现场地形和条件、施工道路的规划等因素分析考虑它们的布置。各种临时设施均不能布置在拟建工程（或后续开工工程）、拟建地下管沟、取土、弃土等地点处。

各种临时设施尽可能采用活动式、装拆式结构或就地取材。施工现场范围应设置临时围墙、围网。

图 6-14 所示为图 6-6 中拟建仿古建筑布置完临时设施后的平面图。

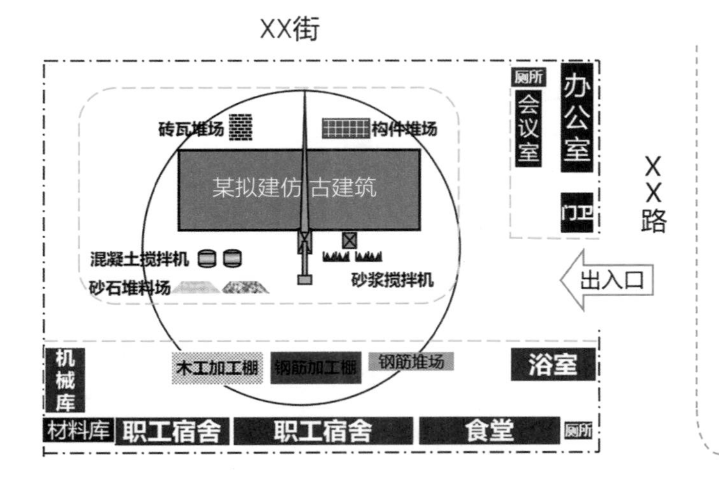

图 6-14　布置完临时设施后的平面图

（5）水电管网的布置

1）施工用临时给水管网，一般由建设单位的干管或施工用干管接到用水地点。布置有枝状、环状和混合状等方式，应根据工程实际情况从经济和保证供水两个方面去考虑其布置方式。管径的大小、龙头数目根据工程规模由计算确定。管道可埋置于地下，也可铺设在地面上，视气温情况和使用期限而定。

供水管网还应按防火要求合理布置室外消火栓，并靠近十字路口、工地出入口等位置，并设置明显标志。

2）施工用临时供电，应在全工地性施工总平面图中一并考虑，只有独立的单位工程施工时，才根据计算出的现场用电量选用变压器或由业主原有变压器供电。变压器的位置应布置在现场边缘高压线接入位置，但不宜布置在交通要道口处。现场导线宜采用绝缘线架空或电缆布置，一般采用钢筋混凝土电杆。

图 6-15 所示为图 6-6 中拟建仿古建筑布置完水电管网后的平面图。图中临时供水、临时供电线路均以枝状、采用埋置于地下的暗铺方式布置，并沿施工道路布置总管，使线路布置尽量满足各用水用电设施的使用要求。

延伸知识：

1. 某仿古建筑藏书阁工程项目组织机构图（图 6-16）

公司委派建筑工程专业一级注册建造师 ×× 作为本工程的项目经理，负责工程对内对外各专业的协调工作。项目经理部负责实施从工程项目开工到竣工交付使用全过程的施工承包经营管理。

项目经理下设项目技术负责人和项目副经理各 1 名，项目部设 8 个职能部门，其中项目技术负责人负责分管施工管理（施工部）、古建技术（技

二维码　施工平面布置图的设计步骤（第二讲）

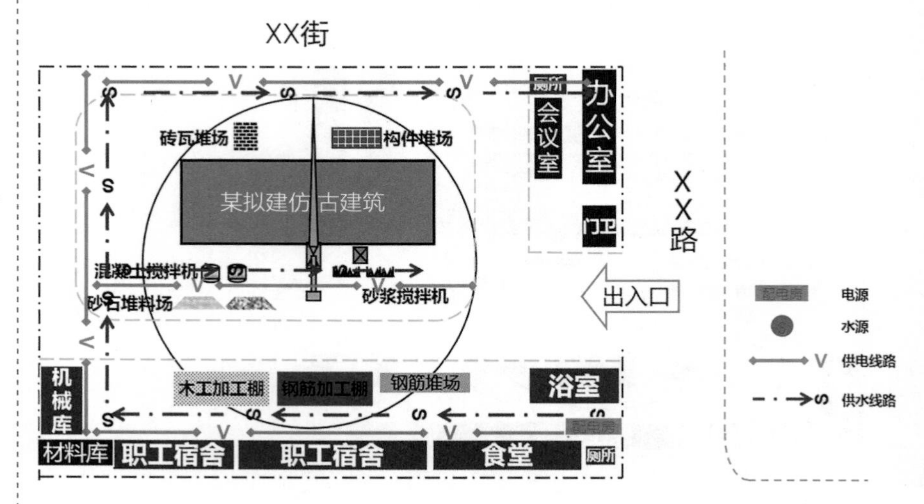

图 6-15　布置完水电管网后的平面图

术部）、质量安全监督（质安部）、检验试验（试验部）4 个部门，项目副经理负责财务后勤（财务部）、施工资料（资料部）、劳务管理（劳务部）、机具材料管理（机料部）4 个部门，在项目经理的领导下，相互配合，对涉及工程的工期、质量、安全、成本等方面实施全过程的动态管理。

在项目部 8 个职能部门下，成立仿古建筑施工的 8 个专业施工组，各自设专业班组长 1 名，受项目技术负责人、项目副经理领导并与 8 个职能部门交流联系。包括道路施工组、亮化施工组、绿化施工组、瓦工施工组、精细木工组、油漆施工组、杂工组、水电施工组和钢筋施工组。施工管理部门和古建技术部门具体负责编制施工技术实施方案和作业指导书，并向

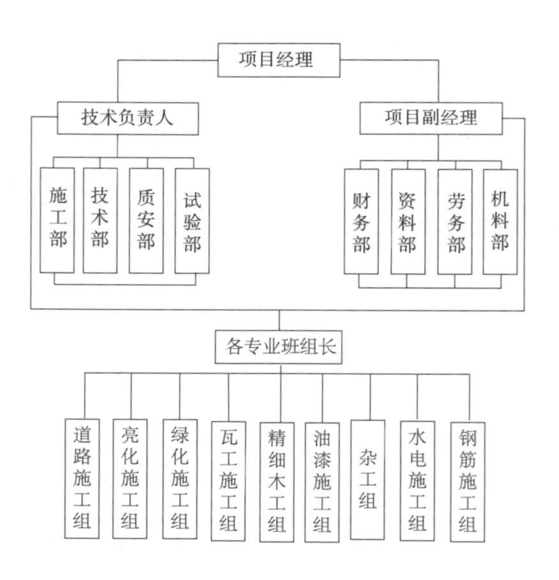

图 6-16

专业班组人员交底，指导工人施工，并由质量安全监督部门负责班组施工安全教育、安全检查和施工质量检查、验收和评定等工作。

2. 某木结构古塔大木作典型施工方案（详见二维码）

二维码 某木结构古塔大木作典型施工方案

章节检测

一、单项选择题

1. 单位工程古建筑施工组织设计编制的对象是（　　）。

A. 建设项目　　B. 单位工程　　C. 分部工程　　D. 分项工程

2. 编制单位工程古建筑施工组织设计的依据之一是（　　）。

A. 施工成本　　B. 施工进度　　C. 施工图　　D. 施工环境

3. 单位工程古建筑施工组织设计编制程序正确的是（　　）。

A. 施工方案—施工进度计划—资源需要量计划—施工平面图

B. 施工方案—施工进度计划—施工平面图—资源需要量计划

C. 施工进度计划—施工方案—资源需要量计划—施工平面图

D. 施工进度计划—资源需要量计划—施工方案—施工平面图

4. 在单位工程古建筑施工组织设计中决定整个工程全局关键的是（　　）。

A. 制订施工进度计划　　B. 设计施工平面图

C. 选择施工方案　　D. 制订技术组织措施

5. 选择古建筑施工方案首先应考虑（　　）。

A. 确定合理的施工顺序　　B. 施工方法和施工机械的选择

C. 流水施工的组织　　D. 制订主要技术组织措施

6. 编制单位工程古建筑施工平面图时，首先确定（　　）位置。

A. 仓库　　B. 起重设备　　C. 办公楼　　D. 道路

二、判断题

1. 单位工程古建筑施工平面图设计首先确定起重机械的位置。（　　）

2. 选择好古建筑施工方案后，便可编制资源需要量计划。（　　）

3. 古建筑施工主要施工方法和施工机械的选择，必须满足施工技术的要求。（　　）

三、简答题

1. 编制单位工程古建筑施工组织设计的依据有哪些？

2. 单位工程古建筑施工平面图设计的内容有哪些？

3. 简述单位工程古建筑施工平面图绘制的一般步骤，其中塔式起重机布置有何规定？

7

Gujianzhu Shigong Guanli

古建筑施工管理

学习目标：

1. 了解古建筑施工管理包含的内容。

2. 能掌握古建筑施工安全、质量、进度、环保、资料管理及现场保护的具体措施。

3. 理解古建筑消防管理的影响因素和应对策略。

4. 了解古建筑保护和发展对策。

导读：

无论是古建筑的修缮还是仿古建筑的新建，都以最大限度保持古建筑风貌为基本原则。古建筑施工除了组织班组高效完成生产（工作）任务外，现场管理工作同样具有至关重要的作用。那么，古建筑施工现场的安全、质量、进度、环保管理的难点有哪些？针对这些难点和影响因素，我们又可以制订哪些应对措施？如何做好古建筑的资料管理和现场保护工作？如何围绕古建筑防火能力的缺陷，制订消防应对策略？如何统筹做好古建筑的综合保护对策？我们将在最后一章给出思路和建议。

本章知识体系思维导图：

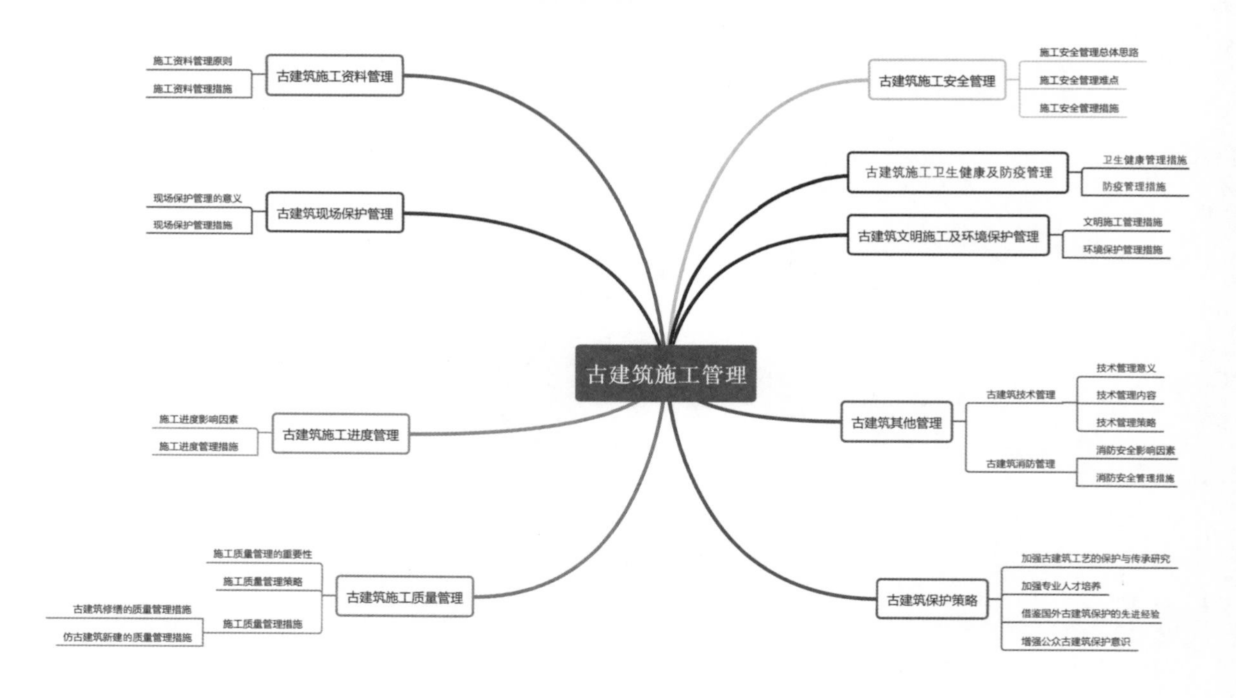

7.1 古建筑施工资料管理

在建筑工程中，工程资料是建设施工中的一项重要组成部分，是工程建设及竣工验收的必备条件，也是对工程进行检查、维护、管理、使用、改建和扩建的原始依据，这对古建筑工程同样适用。衡量一项工程的优劣，通常情况下是通过工程实体来反映，但是工程资料也是一个极其重要的体现环节。通过具体翔实的资料就能够反映出工程所使用材料的优劣、工序之间的交接情况、工程施工状况等，它对工程的合法性、科学性、规范性、真实性等予以证明，是质量证明的基础，也是工程结算的依据。根据古建筑施工资料的特点，施工企业需要更新观念、加强法制意识、提高资料管理人员业务水平、建立科学化的建筑工程资料管理制度，使之得到有效管理。

7.1.1 施工资料管理原则

1）首先实施"以人为本"的施工组织管理制度，在意识上要加强各部门对施工组织资料管理重要性的认识，要根据工程的实际情况，认真编制出有针对性的施工组织设计。通过配备素质较高的人员、聘用有施工管理经验的施工技术人员，以及借助现代信息化的工具进行资料的编制。同时，配备的施工资料员应具有一定的专业技术知识，能及时收集、整理施工技术资料，确保施工技术资料归档的及时、真实、准确和完整。

2）在前期工程招标投标过程中，施工技术交底资料要尽可能地详尽和完整。施工技术交底的目的是为了使参与施工管理和操作的人员都能够掌握工程特点、技术要求、施工方法和安全注意事项，以便达到质量、成本、进度等目标的协调统一。要提高施工技术交底的质量，使技术交底起到指导施工的作用。所写的内容必须针对工程实际，不可弃工程实际而照抄规范、标准和规定，所写内容必须实事求是，切实可行，对规范、标准和规定的理解和执行，不能因施工员素质不高而降低。交底工作必须在开始施工以前进行，不能后补。编写的程序和内容应力求科学化、标准化，尽量利用直观易懂的图表表示，避免使用文字叙述。作业条件及要求应详尽并有针对性，施工准备要充分。例如，工作面准备、工具准备、劳动力准备、对设备和机具的要求。

加强职能部门的职责发挥，强化完善岗位职责，推行项目经理责任制，建立起权责利相结合的工程项目管理机制，加强施工组织过程的管理。加强现场监管，严格按照施工组织设计的内容指导施工，加强施工期间的工程质量、工期、成本的控制。

3）成立专门的施工组织资料管理小组，加强施工过程中各项施工组织资料的管理，做好总结并提出建设性的实施意见，为工程项目的具体实施提供依据与参考。在施工过程中，人工、材料和机械等需求量不断变化，在配置施工资源时应力求均衡。要根据进度计划编制人工、材料、机械设备进场计划，根据材料供应与使用情况决定材料储备量，根据主导机械设备的配置能力选择相适应的附属机械，根据天气情况和实际进度对资源进场计划进行调整，做到几者的协调统一。

7.1.2 施工资料管理措施

（1）做好合同管理

施工合同是解决工程纠纷，合理判断索赔和变更的重要施工资料文件。对应的施工人员要做好项目合同管理，并针对施工资料的综合化管理和施工整合要求，做好施工合同的整理。建议对应的施工单位要针对施工质量验收以及工程价款、施工合同监管范围等进行合理分析，防止后期出现偏差，全面保证自身的施工利益。

（2）做好施工资料管理计划

建议对应的施工单位结合工程施工的现状，做好信息监督和资料管理。并针对施工单位、监理单位、建设单位三方责权，制订不同的资料管理计划，保证资料管理的质量和三方单位同步。

（3）做好电子化资料管理

随着现代技术的不断发展和进步，大量的单位加强了计算机技术的运用，通过构建综合化、全面的数据资料库，可以提升工程施工资料管理质量。并通过可行的数据分析方式和途径，加强对建筑工程的整体性分析和项目的全过程监督。建议对应的施工人员结合项目施工的要点，从网络平台等途径获得针对性的档案资料文件，并共同作为依据，确保资料管理工作无误。此外，结合电子化资料的检索特点，施工单位也可以建立针对性的网络数据库，方便施工人员传输文档，分享信息（图 7-1）。

图 7-1 古建筑施工电子化资料

7.2 古建筑现场保护管理

在古建筑加固修缮过程中，不可避免地会涉及古建筑现场的环境、文物和古建筑本身保护的问题，所以必须建立环境、古建筑以及成品保护意识，制订相应的保护管理措施。

7.2.1 现场保护管理的意义

（1）有利于我国传统文化的传承

文化遗产是中华民族智慧的结晶，蕴含着中华民族特有的精神价值及想象力。对文化遗产的保护有利于增进各个民族之间的感情，维护国家的团结和社会的稳定。然而，作为整个文化遗产中的重要构成，古建筑俨然也是传统文化的重要载体，对传统文化的传承有着重要价值。

（2）是文化遗产保护新形势的需要

社会在进步，人们的思维也在进步。在社会不断发展的背景下，人们对于古建筑的认识与看法也出现了变化。那么，为了让古建筑所包含的文化精髓能够更好地被人们理解、传承及发扬，在实际的保护过程中就必须做到不留死角或盲区。不仅要扩大文化遗产保护的范畴（其中包含了以前不受重视的考古史料），而且要强调把传承性与时代性进行耦合，将古建筑看作“活着”的文化遗产，以此来对其所蕴含的文化内涵进行深度挖掘。

7.2.2 现场保护管理措施

（1）文物保护组织管理措施

1）项目经理部明确各个岗位的职责和权限，建立并保持一套工作程序，对所有参与工作的人员进行相应的培训。

2）工地设专门文保员，建立以项目经理为首的文物保护小组。会同业主、监理和文物部门对古建筑中的文物进行定期检查、确认，并作记录。负责现场的日常文物保护管理工作，并且有完备的文字记录，记录当日工作情况、发现的问题以及处理结果等。

3）开工前会同文物部门划定保护范围，划定重点保护区和一般保护区，对所有参与员工进行交底。

4）在工地显著位置安置好文物部门设立的标志，标志中说明文物性质、重要性、保护范围、保护措施以及保护人员姓名。

5）建立文物保护的记录档案。包括文字资料：做好对现状的精确描述，对保护情况和发生的问题做好详细的记录。测绘图纸：做好对文物现状的测绘，标注地理位置、平面图、保护范围图等各部位的尺寸。照片：包括文物的全景照片，各部位特写，需要重点保护部位的照片。

6）保护措施上报审批制度。每个具体的文物保护措施都要在得到文物部门和建设方的批准后才可以实施。

7）每周召开一次施工现场文物保护专题会，根据前一周的文物保护情况及施工部位、特点布置下一周的文物工作要点。

8）文保员每日对现场进行巡回检查，并向项目经理汇报检查结果。

9）所有施工人员均须签订《古建筑施工文物保护协议书》，建立奖罚制度。例如，对不遵守文物保护规定，私闯现场、破坏文物者，要处以5000元罚款并停工再次接受教育培训，情节严重的要处以更高的罚款，直至除名，对保护文物有突出表现的要适当给予奖励。

10）进场后立即会同甲方和文物部门，共同核查施工区古建筑、纪念物，明确保护项目范围，由文保员做好记录，开工前按文物遗址进行拍照、编号、测绘，做好标识和交底，分别制订保护措施。

11）对所有进场职工进行文物意识的教育和培训考核，使每个职工弄清文物的价值和保护方法。

12）对施工区域做好全封闭硬质围挡，不得随意进出施工现场，未经项目经理允许不得进入文物保护区，也不得随意越出指定的施工现场区域。

（2）对古建筑的技术保护措施

1）在搭设施工脚手架时，严禁对古建筑造成磕碰；不得将脚手架搭设在古建筑的躯体上，脚手架应自成安全、稳定体系。

2）在进行古建筑胎体打磨时，应按技术交底进行，不得造成损坏。

3）清除污染和尘垢前，必须对古建筑进行保护，提醒施工人员小心谨慎，避免踩踏造成损坏。

4）在对原有古建筑清理除尘后，用塑料布进行遮盖，防止污染。

（3）对室内地面的保护

1）搭设施工脚手架时，架子立杆下必须垫板进行防护，避免将钢管直接落在地面上，确保文物建筑、设施的现状不受损。

2）现场施工用地面，除铺垫塑料布外，还应铺垫硬质板材，防止运料、配料清理时对地面造成硬伤和污染。

3）颜料、桐油等材料在施工时应妥善放置、使用、保管，防止漏洒污染地面。施工期间的废弃物、灰尘等必须集中收集，并分类存放，由专人负责装袋并及时清运。

（4）成品保护措施

为确保取得良好的施工效果，做好成品保护工作的意义重大。在现场设专人负责成品、半成品的保护工作。

1）技术交底必须强调对已完工序成品保护的具体措施和要求，分项、分部工程交验时同时检查成品、半成品保护执行结果，项目部在修缮施工开始前，制订出具体的成品保护奖罚制度，并设专人检查监督。

2）做好施工程序和工序安排，后道工序不得对前道工序造成污染。

3）脚手架搭设的操作面高度应便于操作，横向支撑及固定应到位，保证施工人员站在脚手架上操作。

4）对已完部位要用塑料布保护，以免被污染。

5）施工中对各工序的每道成品均要进行保护，设专人负责管理。看管员必须加强责任心，现场实行责任制分工，明确责任，确保成品保护工作的落实。

6）在拆改架子时，由架子工工长统一指挥协调，严禁对古建筑和相邻的周边文物设施以及已完成的修缮成品造成磕碰，随拆搭随撑牢支戗。

7）脚手管、扣件、脚手板倒运时，不得抛扔，尽可能不在“文物地面”上存放，如不可避免时，应衬垫塑料布和木板。

8）在竣工验收前，项目部必须派专人看护，未经项目部批准，任何人员不得进入已完工的区域，项目部专职安全员负责成品保护的管理、检查工作（图 7-2）。

图 7-2　古建筑施工现场保护

7.3　古建筑施工进度管理

要根据工程建设的实际，通过对施工进度的管理，对施工工期进行科学安排，保证在相应的时间内将施工任务完成，以免违反合同规定延误工期。同时，当在工程施工前期考察工作中发现自然因素、材料因素等会影响工程施工进度的因素时，可以通过控制施工进度的方式，制订相应的解决措施，有效地应对一些突发问题，使工程施工能够如期完成，将损失降到最低。

7.3.1　施工进度影响因素

（1）施工环境中的不稳定因素

建设工作进行前，相关工作人员没有做好充分的施工现场调研，施工现场存在各种各样的不稳定因素，让工程建设项目不能顺利完成。在施工时有可能碰到多种恶劣天气，如暴雨、沙尘暴等，也有可能遭遇地质不稳定发生突发性的崩塌、下陷，或者偶遇突发性天灾、地震、洪水等多方面不良影响，都会导致施工进度受到很大的影响，使企业利益损失巨大，甚至威胁到施工人员的生命安全。

（2）人为因素影响

前面提到了环境不稳定因素是造成进度管理低效的一大原因，归根结底也是相关考察现场的工作人员没有作充足的调查，准备不到位，导致事故突发时完全没有防备。除此之外，各部门工作人员缺乏交流、协同合作，也会造成进度的滞后。

（3）组织管理不当

没有好的组织也就没有好的施工计划安排，施工组织懒散、施工计划安排不妥、管理层审批工作不及时等都会影响施工进度。工作人员的积极性不高、管理人员管控能力低、施工安排不合理、工作协调性低、施工期滞后等，都是组织管理不当的后果。

（4）施工技术不高

过硬的施工技术是建筑施工的重心，有了技术的保障，制订科学的施工进程和施工方案则水到渠成。然而，目前古建筑施工技术整体不高，导致古建筑工程进度管理也受到不良影响。

（5）建设资金不足

充足的建设资金是加快工程建设进度的重要保障，而现实建设工作中往往被曝劳动者工资被拖欠、工程建设不断停滞等负面的进度影响情形。

（6）施工计划不稳定

通常来说，施工前需要有科学的规划安排，然后施工队进行施工。但事实上在相关部门未充分批复的情况下，建筑方就匆忙对建筑工程展开施工，监管部门在检测后，就会宣布工程设计不过关，继而管理人员便会根据实际混乱的情况进行工程修改、工期修改，任意调动工人，从而使得工程状态比较混乱，建设施工计划频繁更替更是导致资源浪费，使工期滞后，进度推后。

7.3.2 施工进度管理措施

（1）加强对进度的记录

通常在建设项目施工阶段，需要对施工进度进行严格控制，相关部门的工作人员，一定要及时地做好施工相关记录，因为记录是对工作的验证，从而针对问题进行有效解决。通过客观、全面、详细的记录，不仅能及时整改自身管理问题，还能有效弥补工作过程中的不足，从而保证建设项目的施工进度。为确保后续施工进度管理能够有计划地进行，日常施工应形成表格，并严格保存相关记录，如某一施工环节已达到哪个步骤，已进行了多少个工作日等。对于比较紧张的施工任务，应派相关负责人进行监督并做好跟踪记录（表 7-1）。

（2）细化施工环节

工程施工之前，需要对各个施工环节进行科学划分，保证每个施工环节都能够顺利进行。可以将各环节作为一个单元来确定施工进度，从而合理制订施工计划。项目施工进度安排应在项目合同约定的工期前提下科学制订，施工企业应严格遵循合同要求，分析实际施工过程中可能遇到的问题和条件，制订科学合理、可操作性强的施工进度计划。进入施工阶段后，监理部门应认真履行职责，做好现场监控工作，监督施工方严格按照既定进度进行施工。

工程施工进度表 表 7-1

工程名称：________ 客户单号：________ 报价单号：________

客户负责人：________ 工程负责人：________ 施工负责人：________

序号	施工项目	第一次施工时间			第二次施工时间			第三次施工时间			备注
		开始	结束	工期	开始	结束	工期	开始	结束	工期	
1	1	18/9/15	18/9/21	7	18/9/25	18/9/30	6	18/10/2	18/10/12	11	
2	2	18/9/18	18/9/20	3	18/9/24	18/9/30	7	18/10/5	18/10/13	9	
3	3	18/9/15	18/9/25	11	18/9/26	18/10/5	10	18/10/9	18/10/14	6	
4	4	18/9/16	18/9/21	6	18/9/27	18/10/6	10	18/10/10	18/10/15	6	
5	5	18/9/17	18/9/21	5	18/9/28	18/10/7	10	18/10/11	18/10/16	6	
6	6	18/9/18	18/9/23	6	18/9/29	18/10/8	10	18/10/12	18/10/17	6	
7	7	18/9/19	18/9/25	7	18/9/30	18/10/9	10	18/10/13	18/10/18	6	
8	8	18/9/20	18/9/24	5	18/10/1	18/10/10	10	18/10/14	18/10/19	6	

（3）健全工程项目施工进度管理体系

明确项目施工进度管理的工作流程和操作程序，以及各级岗位的管理职责和考核方法。所有相关单位必须建立明确的进度管理框架，设立专职计划管理人员。

（4）注意施工进度计划交底工作

施工进度计划的实施不仅是项目组的事情，也需要整个项目所有参与者的共同努力，因此必须注意计划的披露。施工进度计划实施前，各级动员会议和生产会议均可根据所涉及的职责范围召开。要求高级管理人员熟悉计划并创造良好的实施环境。要求生产管理人员熟悉计划，安排人力、机械等的供应。另一个好的办法是建立周计划和日计划制度，进一步增强施工人员控制施工进度计划的责任感，激发广大员工的积极性和主动性，及时确定和完成计划任务。

7.4 古建筑施工质量管理

7.4.1 施工质量管理的重要性

对于建筑项目施工企业而言，其施工质量管理工作是支撑其稳健、长期发展的重要支撑，具有十分显著的管理意义。因此，对于建筑项目施工质量管理工作必须不断优化，才能够使我国建筑行业的发展需求得以满足，而建筑项目施工质量管理主要具有以下三点重要性。

（1）确保建筑群施工质量提升

施工质量的好坏，与其质量方面的管理有着不可分割的关联。只有将建筑项目施工管理中的质量管控工作做好，才能够保障管理工作的效率不断提升，进而确保建筑群落在日后投入使用后的质量也获得提升。

（2）施工企业管理与技术水平双提升

建筑项目施工质量的管理工作能够将建筑项目施工企业的技术与管理水平进行充分反映，这便需要建筑施工企业的管理层与工作人员能够对此质量管理工作投入高度的关注，并且在整体的施工过程中融入先进、科学的施工技术，从而保障整体建筑项目工程能够更加优质。对于管理层人员而言，其管理意识、质量意识必须不断加强，不断地提升自身管理能力。对技术开发人员要进行技术创新督促，从而确保质量管理与技术水平能够共同进步。

（3）建筑项目施工企业素质整体获得提升

建筑项目施工企业不断增强自身的质量管理能力，不但可以提升企业内部全体工作人员的工作效率，同时也能够孕育出具有高强职业道德、职业素养的施工团队，从而极大程度地将建筑项目施工企业的整体素质进行提升。

7.4.2 施工质量管理策略

（1）配备质量管理人员和组织

要提高我国建筑的质量，最重要的就是要做好在建筑施工中的质量管理工作。首先，要从建筑施工中的质量管理人员入手，加强施工质量管理人员对质量管理的认识，从人力上保障施工质量的管理工作；其次，为了进一步保障建筑施工质量的管理，要设立建筑质量管理机构或部门，完善质量管理的基础设施，同时配备相应的质量人员进行管理；另外，要确保建筑施工质量管理工作顺利进行，还要与建筑施工的实际情况相结合，运用理论联系实际的哲学思维，制订科学合理的质量管理措施，提高机构或部门对建筑施工质量管理的重视度。

（2）提高质量管理人员综合素质

建筑施工过程中，质量管理人员是非常关键的一个角色，质量管理人员的综合素质是一项建筑工程施工质量和效率的重要影响因素。建筑企业要广纳人才，建立一支高素质的质量管理团队，为建筑施工质量管理提供充足的人力资源保障，这也是促进我国建筑行业稳步发展的重要环节之一。

（3）引进建筑施工新技术

提高建筑工程质量管理水平，引进建筑施工新技术是关键。在当今社

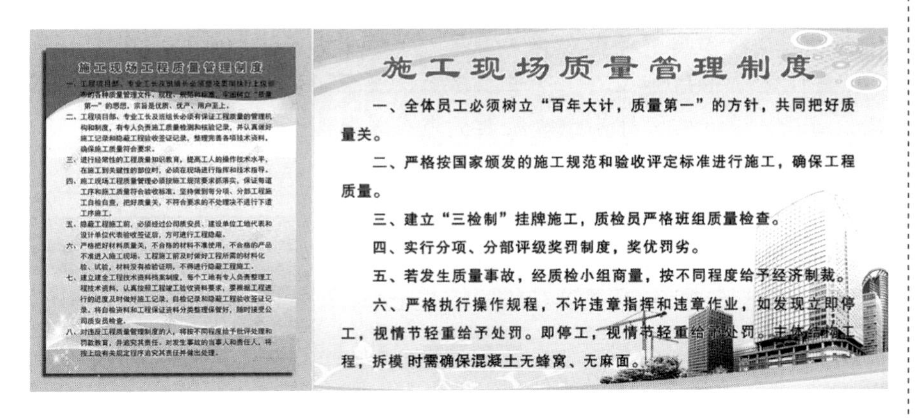

图7-3 施工质量管理制度

会经济水平基础上，建筑工程质量管理离不开新技术支持，应积极引进先进技术设备及方法，这样才能提高建筑施工技术管理的质量和效率。但是引进先进技术设备及方法的同时也要结合建筑施工的实际发展情况，保证引进的先进技术设备及方法与施工项目的实际情况相符合，以便于达到提高建筑施工技术的质量和效率的目标。

（4）建立健全科学合理的质量管理制度

在我国建筑施工质量管理工作的过程中，一方面应对质量管理人员进行监督和管控，用制度的手段约束质量管理人员的行为；另一方面，应充分利用质量管理制度中的激励机制。质量管理人员工作的积极性对整个工程项目质量管理有着重要促进作用，所以激发质量管理人员的工作积极性非常有必要。此外，制度中应包括对建筑工程质量管理人员进行定期培训机制，以提高管理人员自身的能力和素质，这是提高整个建筑工程施工质量的重要促进因素（图 7-3）。

7.4.3 施工质量管理措施

古建筑施工类型主要包括存世古建筑的修缮加固以及钢筋混凝土仿古建筑的新建。在古建筑修缮加固中，不能追求焕然一新，而是要认真研究文物本体，合理选择修复材料，使用的修复材料要和原有的砖石、木材相匹配，使古建筑保持原有历史文化内涵；而对于古建筑、宗教寺观、传统的造景或者各种历史建筑和文化建筑等，也希望能够修旧如旧。不管是哪种类型，只有提升施工质量，才能延长古建筑的寿命，为世人提供更好的观赏效果。

（1）古建筑修缮的质量管理措施

1）跟踪设计确保方案质量

设计单位对文物的前期调查、测绘以及历史信息研究应力求完整、准确，工程方案编制中要重视工程语言，能用图纸表达清楚的就不要用文字；施工说明中对施工方法、采用材料、施工工艺、注意事项等一定要交代清楚。设计方案初步完成后要征求各方意见，尤其是当地附近居民的建议，确保达到要求的设计深度；设计方案批准后，施工图设计是设计方案的细化，也是设计方案贯彻实施的关键所在。只有好的设计方案转变成科学合理的施工设计图纸，工程质量才有保障。因此，建设方需要组织专家审核把关，必要时应聘请第三方对施工图进行审查，发现问题及时修正。

2）提高文物保护工程队伍的总体水平

要实现好文物保护工程及古建筑的修缮工程施工，就需要相关的施工管理人员，在了解不同工作对象的施工原则的前提下，了解文物保护工程的修缮步骤，对修缮对象有仔细的分析，并且还应该能对工程实施的不同步骤及不同工艺及做法进行相关的指导，很多方面有时候还需要具体示范、操作，以给不同施工方提供相关的样板。通过规范化、标准化操作来带动古建筑修缮行业的专业性发展。对各类从事文物修缮保护的工人和技术人员，要经常进行技术、业务、文物保护意识的培训与教育，尤其是加强对古建筑修缮技术传承人的培养。古建筑的各类构件形态各异、规格繁多，因此，古建筑修缮从业人员在工作中应不断学习、继承和挖掘、发展，总结祖先工匠的经验和技能，根据不同地方、民族、流派、历史文化的特点，结合当前建筑相关的质量标准，对古建筑进行合理的修缮和保护。

3）开展对古建筑修缮材料的研究和规范管理

材料是影响施工质量的关键因素之一，最大限度地对材料质量进行把关是极其重要的。如：古建筑修缮中的木料，由于时间紧迫，木材含水量偏高，湿木材用在古建筑修缮中，质量很难保证，并容易出现开裂或者腐朽现象。在古建筑修缮过程中，要尽量按原形制、原结构、原材料、原工艺施工，很多古建筑修缮工艺已查不到历史资料，原材料缺乏，要鼓励加强对古建筑替代材料及古建筑修缮技术的研究，对修缮材料进行系统整理。还要强化对施工单位材料储备、材料使用的验收管理，并制订相关管理措施。建议建立全国文物建筑修缮信息平台，大力推荐和表彰文物修缮效果良好的优质工程。

（2）仿古建筑新建的质量管理措施

1）控制钢筋混凝土质量

在进行仿古建筑施工时，要严格控制钢筋混凝土的质量，因为建筑的质量会受到钢筋混凝土原材料质量的影响，同时其对整个工程的施工工艺也有不可磨灭的影响。所以，要想保证建设的水平，应该严格控制钢筋混凝土的质量。普通硅酸盐水泥是一般仿古建筑中常用的水泥，在使用水泥之前，应该保证水泥的质量，如果水泥不合格是不能被应用在施工中的。同时，要保证使用的河砂也是优质的，还要控制碎石针片状颗粒的质量，防止其超出规定范围，只有保证以上组成都是合格的，才能保证质量上乘。在施工中，每天都应该对使用的钢筋混凝土质量进行严格检测，以保证混凝土的质量是优质的，检查其重量比和投料量之间的偏差，偏差要在合格的范围内才能被用于施工建设。还要进行抗压试验，以保证钢筋混凝土的强度。

2）浇筑前的准备工作

钢筋混凝土质量控制中非常重要的一个环节，就是要将钢筋混凝土浇灌到模板之内并且振捣密实，这是仿古建筑工程施工的基础工作。在仿古建筑中需要根据建筑的结构特点进行分段、分阶层的流水作业施工。承包人员也可以根据总的工程量制订相应的建设计划，以此来确定建筑工人的数量，然后根据这个量来选择钢筋混凝土搅拌机和运输及振动设备的类型和数量。在进行钢筋混凝土浇筑之前要充分地做好准备工作，包括检查模板和支架，检查钢筋和预埋件的规格等。只有当所有的准备都就绪之后才能够进行钢筋混凝土的浇筑工作。对于模板来说，它的尺寸、位置和垂直度的正确性都是我们需要检查的，因为这对于整个支撑系统的牢固性和模板的接缝的严密程度都具有很大的影响。浇筑之前，需要注意的是确保模板内的垃圾、泥土和积水都要去除。

3）钢筋混凝土的浇筑

因为浇筑的钢筋混凝土可能会发生离析的现象，所以钢筋混凝土从高处下落应该设有一个限制的高度，最好是在 2m 范围内。为了防止钢筋混凝土产生离析，自由下落需要使用串筒，每节 70mm，以薄钢板作为原料，需要用钩环将串筒连接起来，可以起到一个很好的缓冲作用。为了能够使钢筋混凝土达到紧密的效果，浇筑的时候需要分层浇灌、振捣，并且上层混凝土凝固之前下层的钢筋混凝土的施工应该已经进行完毕。

4）做好钢筋混凝土的养护

浇筑工作完成之后应该创造一个具有适宜湿度的环境，使钢筋混凝土能够凝结硬化，增强钢筋混凝土的强度。钢筋混凝土的养护一般有自然养护和蒸汽养护两种方法。自然养护主要是通过洒水的方法来保持钢筋混凝土的湿润，促进水泥的水化。当气温比较高的时候，需要增加浇水的次数。而蒸汽养护实际上就是将其放入充满饱和蒸汽的室内，在较高温度和湿度的环境下进行养护，从而增加钢筋混凝土的硬化速度。

7.5　古建筑施工安全管理

建筑施工安全管理的主要作用就是在施工的过程中保证工作人员的人身安全，这是建筑行业的基本准则，古建筑施工也不例外。加强建筑施工安全管理工作，可以有效地规避这些问题，从材料的选择到施工的手段上进行严格的监督，保证施工手段合理，建筑材料符合相关标准，可以有效地减少安全事故的发生，使建筑工程可以更加平稳地进行，防止各种因素对施工人员带来安全隐患。

7.5.1　施工安全管理总体思路

建筑施工安全管理应该结合本工程所处位置和结构特点，从财产和人员两方面制订全面的安全目标。主要包括：

1）从建筑或安装工程整体考虑。土建工程首先应考虑施工期内对周围道路、行人及邻近居民、设施的影响，采取相应的防护措施（全封闭防护或部分封闭防护）；平面布置中施工区与生活区应分隔，减轻施工排水、安全通道以及高处作业对下部和地面人员的影响。还应考虑临时用电线路的整体布置、架设方法；安装工程中的设备、构配件吊运，起重设备的选择和确定，起重半径以外的安全防护范围等。复杂的吊装工程还应考虑视角、信号、步骤等细节。

2）对深基坑、基槽的土方开挖，首先应了解土壤种类，选择土方开挖方法、放坡坡度或固壁支撑的具体做法，总的要求是防坍塌。人工挖孔桩基础工程还需有测毒设备和防中毒措施。

3）30m 以上脚手架或设置的挑架，大型混凝土模板工程，还应进行架体和模板承重强度、荷载计算，以保证施工过程中的安全，这也是确保施工质量的前提。

4）满足安全平网、立网的架设要求，以及架设层次段落，如一般民用建筑工程的首层、固定层、随层（操作层）安全网的安装要求。事故的发生往往处在随层，所以做好严密的随层安全防护至关重要。

5）人货梯和塔式起重机等垂直运输设备的拉结、固定方法及防护措施，其安全与否，严重影响工期甚至会造成群伤事故。

6）施工过程中的“四口”，即楼梯口、电梯口、通道口、预留洞口应有防护措施。如楼梯、通道口应设置 1.2m 高的防护栏杆并加装安全立网；预留孔洞应加盖；大面积孔洞，如吊装孔、设备安装孔、天井孔等应加周边栏杆并安装立网。

7）如上部作业需满铺脚手板交叉作业，应采取隔离防护，外侧边沿应加挡板和网等以防物体下落。

8）"临边"防护措施。施工中未安装栏杆的阳台（走台）周边、无外架防护的屋面（或平台）周边、框架工程楼层周边、跑道（斜道）两侧边、卸料平台外侧边等均属于临边危险地域，应采取防人员和物料下落的措施。

9）用电。施工过程中与外电线路发生的人员触电事故屡见不鲜。当外电线路与在建工程（含脚手架具）的外侧边缘及外电架空线的边线之间达到最小安全操作距离时，必须采取屏障、保护网等措施。小于最小安全距离时，还应设置绝缘屏障，并悬挂醒目的警示标志。根据施工总平面的布置和现场临时需要用电量，编制临时用电组织设计，制订相应的电气防火措施。施工工程、建设工程、钢管外架等金属构筑物，凡高于周围原有避雷设备，均应有防雷设施，如人货梯、高塔的接地深度、电阻值必须符合要求等。

10）对易燃易爆作业场所必须采取防火防爆措施。

11）季节性施工的安全措施。如夏季防止中暑措施，包括降温、防热辐射、调整作息时间、疏导风源等措施；雨期施工要制订防雷防电、防坍塌措施；冬期施工应防火、防大风等。

7.5.2 施工安全管理难点

（1）施工中的危险因素具有隐蔽性

如果对建筑工程不了解的话，就会认为建筑施工是一个比较简单的工作，但实际上，建筑施工中的工作内容非常多，而且这些工作内容在实施的时候通常都需要相应的技术。可以说，建筑施工就是多项工作的结合体。这些工作内容不是独立存在的，在施工的时候，这些工作内容之间有很大的关联，这样的特点造成了有许多的危险因素不是存在于施工明面，有一些危险因素很难发现，而这些危险因素一旦爆发，就会造成很大的危害。另外，现在的工程检测工作还不够完善，检测的技术也不够先进，这样的检测现状会使许多的隐蔽危险不能及时被发现，给建筑施工安全管理工作带来了很大的困扰。

（2）缺乏有效的安全管理依据

任何工作的进行都需要依据，如果没有有效的依据，那么这项工作就无法顺利完成，在工作进行的过程中也会出现各种问题，这个道理在建筑施工安全管理工作中同样适用。建设单位想让安全管理工作在施工过程中充分发挥出作用，就必须建立一个有效的安全管理制度，只有这样，负责安全管理的人员在工作的时候才能找到工作依据，不然会造成安全管理工作的混乱。但是在我国当前的建筑施工安全管理工作中，很多的建设单位都没有有效的安全管理依据，这样的情况就造成了安全管理人员在工作中经常忽略一些重点的工作内容。在管理的时候，因为没有有效的依据，所以许多方面的管理工作无从下手，只能根据自己的工作经验来工作，这样的安全管理方式很容易出现漏洞，从而引发安全问题。

（3）施工参与人员的安全意识不足

对当前我国的建筑施工现场进行调查可以发现，我国的许多建筑施工现场的工作人员缺乏安全意识，这里所说的施工现场工作人员不仅仅是施工人员，还包括一些施工现场管理人员。在建筑施工现场，安全管理人员是管理工作的直接实行者，所以他们如果安全意识不足的话，就一定会放松安全管理工作，会给建筑施工带来很多危险，他们安全意识不足的主要表现就是管理工作的松懈，对一些危险的因素不能及时地分析和排除，增加了施工的危险性；再就是施工人员安全意识不足，因为施工人员是建筑施工的直接参与者，如果出现安全问题的话，施工人员是主要的受害者，但是我国当前的建筑施工人员一般都没有受过高等教育，在工作的时候无法深刻认识到安全施工对他们的重要性，对于一些潜在的危险因素也不能及时发现，经常出现不按照规定施工的现象，这些问题很容易带来危险，给建筑施工安全管理工作造成很大的困难。

（4）建筑施工现场设备带来的危险

在建筑施工现场有许多的设备，其中还包括一些大型设备，这些设备是建筑施工不可缺少的，但也给建筑施工安全管理工作带来了很大的隐患。工作人员操作一些设备的时候，如果没有按照规范进行，就会给自己和他人带来危险；对一些设备特别是电力设备的检修不及时，线路发生老化或者漏电，就很容易给过往的人员带来触电的危险；另外，建筑施工现场地形本身就非常复杂，很容易在操作像铲车、挖掘机等设备的时候，因为地形造成翻车等现象，给设备的操作人员和周边的工作人员带来危险。这些由于设备带来的危险因素都是不容易控制的，给安全管理人员的工作带来了额外负担。

7.5.3 施工安全管理措施

1）项目内部工作人员进行建筑工程施工现场管理工作应该严格按照安全制度和技术措施执行。

2）建筑工程施工现场的安全管理工作人员应该根据不同的分部工程进行具有针对性的技术管理和安全交底（图 7-4），对于安全管理工作的标准化完成应该进行签字确认。

3）要加强建筑工程重要环节和薄弱环节控制，特别是在使用大型设

图 7-4 安全技术交底及安全教育

备时，如塔式起重机在使用之前必然要进行标准的质检工作，在设备的使用过程中加强安全管控，对于性能不能够满足现场施工要求的则禁止使用。

4）只有在项目部允许的情况下，才能对施工现场的防护措施予以变动，同时在进行变动之后应该制订新的防护措施，等待作业完成之后需要尽快恢复原有的防护措施，并形成书面材料交由工程师管理。

5）需要区别不同建筑工程施工过程的不同阶段进行安全管理，分析其中存在的风险问题，包括现场施工的条件、所采用的具体方式和特点，以此来判断现场的施工管理工作是否行之有效。在项目施工环节，需要注意以下几点：避免在立体交叉作业和高空作业中出现物体打击情况，最好在塔臂交叉过程中进行良好的作业避让；在竖井和孔洞口等部位采取防坠落措施；脚手架搭设时设置必要的安全防护网；保障现场的用电安全和消防安全。

6）对于现场的施工人员要做好安全管理工作，可通过以下方式进行：

①加强建筑工程施工人员的安全防护意识，进入现场应该佩戴安全帽，并且需要系好下颌带。

②在高于 2m 的高空中工作的施工人员需要系好安全带，戴好安全帽，并避免在高空操作时做大幅度摆动动作，尽可能地平衡自己的身体，防止出现意外事件。

③加强临边和洞口防护措施，及时对打开的孔洞作覆盖或封闭处理，防止施工人员不慎跌入其中。

④工程施工阶段，任何施工危险处都要设好显眼的安全防护标志，对于设好的标志不可随意拆除或改动。

7）加强现场消防措施，包括：

①严格结合安全防护措施和预防措施，加强建筑工程施工现场的安全管理工作和施工消防安全意识。

②安排专门的施工防火措施，备齐防火设备，并定期进行防火设备检查，有损害的设备需要及时更换。

③在库房和施工现场要加强防火设备的配置，并禁止在库房内吸烟，无关人员不得进入库房内。

7.6 古建筑施工卫生健康及防疫管理

施工现场各类公共卫生突发事件给古建筑施工现场的卫生健康管理提出了新的要求。建筑工地劳动力密集，人员结构复杂，工作环境相对集中，为了确保流动施工人员的身体健康，不发生各类传染病的公共卫生事件，保证施工任务顺利完成，我们需要重视并制订一系列有效的卫生健康（防疫）管理措施，最大限度地降低损失和影响，切实维护施工工人的生命安全和工程施工的秩序稳定。

7.6.1 卫生健康管理措施

（1）健全项目职业健康管理制度体系

施工项目建立以后，应根据国家及行业相关的职业健康安全管理的政策、法规、规范和标准，结合工程项目特点建立一套切实有效的职业健康安全管理制度，具体包括职业健康安全生产责任制度、职业健康安全生产教育制度、职业健康安全生产检查制度、不同职业危害的职业健康安全管理制度等，用制度约束施工人员的行为，以达到职业健康安全生产的目的。

（2）加强职业健康施工安全技术管理

针对工程特点、施工现场环境、使用机械及施工中可能使用的有毒、有害材料，提出职业健康安全技术和防护措施，从技术上消除潜在的危险因素。例如油漆工施工时，改进油漆工艺技术，提高机械化和自动化水平，使用低毒或无毒溶剂代替有毒或高毒溶剂，配备防毒口罩、护目镜等个人防护器材。职业健康安全技术措施必须在施工前编制，并以书面形式对施工人员进行职业健康安全技术交底。

（3）加强职业健康培训

对从业人员上岗前、在岗期间进行定期职业卫生健康知识培训，加强职业病宣传教育工作，使他们了解并遵守职业病防治法律、法规、规章和操作规程，树立"职业病危害因素（浓度、强度）超标就是隐患"的理念。将职业病危害因素和治理纳入培训课程中，加强职业病危害风险管控。

（4）建立职业危害告知制度

定期对施工现场生产作业场所职业病危害因素进行检测与评价，定期向所在地安全生产监督管理部门申报职业危害因素，并向员工公布。加强职业病防护和职业健康体检，建立职业健康监护档案，发现有不适宜某种有害作业的疾病患者，及时调换工作岗位。

（5）加强施工作业人员入场前的职业健康体检

由于建筑施工作业人员流动量大，疑似职业病患者难以及时发现，且职业病发病后追溯相关企业责任难度大，职业病患者发病后，不能得到有效的医疗救护保障，所以应加强对施工作业人员入场前的体检，特别是焊工、油漆工、水泥上料工、混凝土振动棒工、打桩机工等接触职业危害的作业人员，对其进行入场前的职业健康体检，掌握作业人员的职业健康情况，有针对性地开展职业健康管理工作。

7.6.2 防疫管理措施

（1）成立防疫小组

建立项目层面疫情防控组织体系，明确各自的管控职责，责任落实到人，形成网格化管理。

项目部成立以项目经理和现场负责人为主的防疫管理小组，将项目办公室、工程部、安监部、技术部、分包单位及供应商等纳入到疫情防控小组的组织架构中，统一指挥、协调。现场可成立防疫专项小组，负责宣传、物资保障、现场消杀、监督检查。

例如，项目宣传教育小组，负责防疫知识宣传教育工作，以网络形式开展宣传教育，派发宣传资料，在项目入口等显著位置张贴防疫图画及宣传标语。项目物资保障小组，编制项目防疫物资计划，并对防疫物资进行采购、发放、专用库房保管，保证防疫物资充足。项目现场消杀小组，对现场开展定期消毒，并详细登记台账，记录消杀地点和频次。项目监督检查小组，对项目生活区、办公区、施工区消毒、测温等防疫工作进行巡查督导，对重点部位严格监督和不定期抽检。

（2）设立体温监测点

在项目部管理人员办公区、生活区，施工队伍办公区、生活区及施工现场出入口均设立体温监测点，对进出人员进行实名制体温检测，做好体温测量和登记。

（3）实施关键场所消杀

对办公区、生活区、食堂、浴室、卫生间、垃圾桶等关键区域，定期使用消毒液全覆盖消毒。

（4）开通防疫处置流程

如施工项目出现新型冠状病毒感染人员，应第一时间将其安置到施工现场的隔离室或转移居家隔离，并立即对其工作、生活场所进行消毒，控制活动范围，严防扩散。

7.7 古建筑文明施工及环境保护管理

7.7.1 文明施工管理措施

文明施工主要指在维持施工现场整洁的条件下，结合具体的施工要求对施工的各环节及细节开展优化管理的一种方法。通常情况下应遵循施工规划中的要求开展相关操作，并确保所开展工作不违反相应的标准及规则。

（1）做好施工现场文明管理

首先，重视开展有效的生活文明管理工作。简而言之，应对施工人员的生活文明提出明确要求，有助于对其展开更好的控制，究其原因，生活文明不仅对员工整体形象存在较大影响，对现场面貌的影响也较为显著。具体应注意的是：在总体规划的过程中，注重对施工人员生活文明进行合理规划，同时委派专人完成相应的管理任务；建筑区域应设有独立的休息空间，以便于人员休憩调整，同时需要定期开展清扫消毒操作，避免细菌残留；设立淋浴区并定期对相应区域实施消毒也十分重要；施工现场产生的生活垃圾应统一堆放在固定区域，以便于维持施工场地的整洁面貌。

（2）创建完善的文明施工保障机制

文明施工不仅是施工单位的责任和目标，也是材料供应商、建筑单位等需要重点关注和付出努力的任务。其中，施工单位是开展文明施工的主体，也是文明施工的责任主体，所以，应通过合理挑选人员的方式开展高质量的文明施工小组组建操作，创建完善的施工现场文明施工保障机制，合理分配施工任务，有助于更充分地发挥文明施工的实际作用。

（3）优化施工人员综合素质

就建筑工程来讲，针对各施工人员开展高质量的安全文明要求、规范的培训和讲解操作至关重要，也需要引导施工人员树立优良的文明意识，提升施工人员文明施工的价值取向。现如今，随着经济全球化发展脚步的不断加快，许多其他国家的高级技术人员在我国建筑工程施工过程中也有所参与，同时围绕施工过程中出现以及可能出现的文明问题，开展研究探讨，这对于优化我国施工人员的施工理念，引导其更好地配合文明施工相关工作均存在积极影响。

（4）完善相关法律法规

保障人权最重要的武器即为法律，在有效完善法律制度的基础上，一旦施工过程中出现各种事故，相关人员便可以使用法律武器对自身权益进行维护，获取相应赔偿。针对建筑工程来讲，完善相关法律法规有助于约束施工企业行为，杜绝其在施工过程中使用劣质材料，对促进我国建筑建设整体水平存在积极影响。制定、完善相关法律制度的过程中，可结合建筑工程施工过程中出现以及可能出现的文明隐患因素开展相关工作，积极有效地推动我国建筑文明施工管理的发展。

（5）重视文明施工检查

相关部门开展文明施工管理操作的过程中，应重视对施工现场开展日常抽查操作，同时以月为单位展开一次大型的检查操作。合理选择检查方法十分重要，实际管理过程中，应重视随机选择时间开展抽查；检查过程中重点记录问题突出的部分，开展二次检查时，针对记录部分进行严格审查，有助于提升相关主体自觉性及责任意识；创建合理的奖罚机制；通过积分制的方式约束施工人员行为，定期结算积分，对于积分靠前的进行表扬或者物质奖励。

7.7.2 环境保护管理措施

由施工带来的环境影响因素会对人们的生活产生困扰，并相应地影响城市的可持续发展。古建筑施工在面对施工过程中的环境问题时，也需要对其进行及时的解决，并不断地保护城市的环境，这样才可以让居民的生活更加健康、绿色。

（1）降低施工扰民

工程的建设在一定程度上可能影响到周围居民正常的生活、学习，需要市政管理部门对相关的施工企业进行有效约束，不断降低此类影响。具体来说，有两个方面：一个方面是降低施工过程占道的影响。施工过程中需要进一步督查施工企业按照施工进度，保障施工工期，有效提升他们的施工速度，既要保障施工质量，同时也需要实现施工工期的有效推进，这样可以最大限度地降低占道施工的时间。同时，对占道进行合理规划，尽可能少地实现路面全封闭，给车辆通行规划出最为合理的通道，降低路面交通压力。另一个方面是需要降低施工期间噪声扰民的问题。施工过程中需要取土浇筑等，这就需要大量的施工机械进场作业，这一作业过程都是可能出现施工噪声的，市政管理部门需要督查施工企业合理规划施工时间，将噪声大的施工项目集中在白天的工作时间，对于中午、晚上及周末时间段应禁止噪声较大的施工作业。这样可以最大限度地降低施工噪声对周围居民生活、学习的影响。

（2）水体污染的防治措施

在施工现场应进行泥土的有效覆盖，建立临时的市政工程施工现场排水系统，建立沉淀池，在排水系统中实现对水体泥土等杂质的有效沉淀，对例如油漆等最可能造成水体污染的建材进行严格管理，合理配比相关的水混合比，用多少配比多少，降低用不掉之后倒掉的可能性。对相关的施工人员强调这类建材施工的环境污染问题，实施责任制管理，对出现这类水体污染问题之后，倒查到相关的责任人，进一步拉紧施工人员环境保护的这根弦。针对生活区的污染处理问题，需要建立一个临时的生活污染收集池，对相关的生活污水进行集中处理，保证对周边环境不造成影响。

（3）扬尘防治措施

施工过程中，扬尘的处理需要采取洒水、清扫等措施，因为扬尘主要集中在天气干燥的时候，这一时间段的施工，工地需要关注施工现场裸露在外的土层，进行有效洒水作业，对施工运输车辆进行严格的清洗，这样可以进一步降低由于运输车辆在工地上进进出出带出大量的扬尘，对已经出现在施工周边道路上的扬尘和土块，进行及时清扫，将路面恢复原状，这样才能营造出更为文明的施工环境（图 7-5）。

图 7-5　现场扬尘洒水处理

此外，政府以及施工单位的职能部门要加强重视程度，对存在的环境问题加以控制，提升工程建设质量水平的同时要保障城市的可持续发展。

7.8　古建筑其他管理

7.8.1　古建筑技术管理

（1）技术管理的意义

建筑企业不断优化施工技术管理能有效提升施工作业的质量，因为施工技术管理主要是为施工技术的工序以及工艺流程等服务的，所以施工技术在施工管理中占据较大的比重。为此，从优化施工技术管理出发能提升建筑行业管理的效率，提升监管水平的同时做好各方面的协调工作，进而降低施工成本，使施工技术符合施工现场的要求。

（2）技术管理与创新的主要内容

若是要对建筑施工技术进行相应的管理与创新，首先要掌握其主要内容。对其主要内容进行科学、合理分析，结合新时期的社会背景，制定出适用的施工技术管理模式，并在应用过程中不断进行创新。只有建立健全施工技术管理模式，才能够助力企业的快速、顺利发展。

1）管理体系与管理方式

在进行施工技术管理的过程中，首先要明确管理制度，建立一个完善的管理体系，在这个体系中，要保证能够使施工技术得到充分发挥，管理体系不可以束缚管理技术的应用。同时，施工技术也应当配合管理模式。两者之间相互配合，协同发展，使施工技术管理体系变得科学有效。另外，管理的方法也是确保管理体系顺利落实的重要前提。合理的管理方式，能够使管理体系变得更加切实有效。

2）管理方案与管理人员素养

建立了科学合理的施工管理体系后，保证其顺利开展也是非常重要的。在工程建设过程中，首先要依据现场施工的实际条件设计管理方案。在设计管理方案过程中，要对不同工序中所使用的施工技术进行特定的管理。不同的工作阶段，其管理方式也不一致。应结合各施工工序的特点，对各项施工技术进行综合管理，制订一套完善的施工管理方案。此外，管理体系得以实施的重要保障是工作管理人员的整体专业素养。在实际的施工过程中，管理人员凭借自身掌握的专业施工技术知识，加入到施工管理中来，才能确保管理体系的顺利推进，从而使整体的建筑工程水平得到提高。

（3）提升技术管理水平的措施

1）完善建筑工程施工技术管理责任制度

为确保相关的技术管理工作效果，应总结经验，树立正确的观念，遵循科学的规律。在相关的管控过程中，要求完善相关的工作体系，确保工程的质量符合要求，并使各种技术合理地融入工程中。在合理进行技术管理的情况下，遵循质量管理的原则，总结相关经验，并树立正确的管理观念，创新相关的工作机制。在技术管理期间应该制定相应的责任制度，明确各个项目中的技术管理责任。

2）增强对施工技术的管理意识

在工程技术管理的过程中，应树立正确的观念，总结出相应的经验，增强各方面的工作效果。在技术管理的过程中，应该制订出相应的质量管控方案，在每个施工环节中均应该切实地开展技术管理活动，在具体的工作中健全相关的管理体系，记录施工期间的各类数据信息，并合理地进行归档管理。在基础工作中应总结相应的经验，形成科学化的管控体系，按照建筑工程的特点和实际情况，合理地进行指导，统一标准，全面提升各方面的工作效率，加大建筑技术的管理力度，优化整体工作模式。

3）聘任专业的古建筑施工技术人员

要求在技术管理工作中，聘用古建筑专业的技术人员，培养技术人才，并且对施工人员进行教育培训，以此形成相应的人才培养模式。

4）加强对施工材料的管控

在原材料管理的过程中，应重视材料采购、使用环节的质量管控，在采购的环节中要求对原材料的质量进行严格的检验，一旦发现其中存在问题，必须重新进行检查，以免影响材料的使用效果。在原材料实际使用的环节中，也应该重视对质量进行管理，采用动态化的质量检测方式和监督方式开展相关工作，确保原材料的质量符合要求，改善材料质量和技术管理模式。

7.8.2 古建筑消防管理

古建筑作为我国历史文物的主要构成部分，对其安全性影响最大的便是火灾。根据《中华人民共和国文物保护法》和《中华人民共和国消防法》的精神，每个公民都要有防范意识，防止古建筑发生火灾。贯彻从严管理、防患未然的原则，加强消防管理工作，保护古建筑免遭火灾危害。

（1）消防安全影响因素

1）古建筑文物自身的复杂性

古建筑具有结构复杂和材料多为砖木结构等特点，发生火灾时容易产生次生灾害，破坏性极大。同时，鉴于古建筑本身的历史文物价值，一旦发生火灾，其损失程度将无法估量。

2）部分地区消防配套设施不完善

鉴于地区经济发展差异，部分地区经济落后，消防配套设施不完善，设备不齐全，严重阻碍了古建筑文物消防工作的开展和正常运行。同时，由于古建筑文物分布区域广，保护等级存在差异，部分地区资金匮乏，管理与保护制度不健全等问题，也加大了古建筑文物消防安全工作的难度（图 7–6）。

3）专项法律法规有待完善和健全

当前，我国在古建筑文物消防安全保护方面的法律法规仍不够健全。由于法律及安全条例的缺失，以及现代建筑保护法不能适用于古建筑保护工程中，产生了古建筑消防管理较难开展的问题。

（2）消防安全管理措施

1）合理布置消防硬件设施

在对古建筑文物展开消防安全保护工作的时候，应该重视合理有效地布局消防安全硬件设施，主要包含火灾警报、喷雾灭火器等。首先，在殿堂等处设置消防安全硬件设施，应该使用红外光束烟感探测设备，引入PAM 技术，对火情以及火焰等情况进行有效、及时识别。与此同时，红外光束烟感探测设备具备比较高的抗干扰性，不会被风雨以及湿度等情况所影响，可以对古建筑文物的消防安全工作进行充分监控。其次，在对古建

图 7-6　古建筑火灾处理（左）
图 7-7　古建筑消防演练（右）

筑文物展开保护工作的时候，应该重视线型光纤感温探测设备的使用。线型光纤感温探测设备与别的消防硬件相比，具备对周围温度进行响应的优势条件，其主要是由信号处理和敏感部件所构成，能够被重复使用，并且具备耐高温等特征，尤其可以承受温度改变的情况，其灵敏程度能够随着电缆的受热提升情况不断提高，可以对古建筑文物进行充分保护。此外，在保护古建筑文物的时候可以使用灭火器，并且设置消防水池，保证在出现火灾的时候，有能够维持三个小时的水源。另外，还可建设自动化的喷水灭火系统，其灭火速度非常快，结构较为简单。

2）加强消防安全宣传工作

随着我国旅游业的不断发展，文物古建筑变成了人们旅游的主要景点，要想消除人为因素产生的火灾事故，就需要加强消防安全宣传与推广工作。第一，在对古建筑文物的消防工作进行宣传以及推广的过程中，为了避免出现治标不治本的情况，应该制订完善的宣传与推广计划，向古建筑文物管理人员进行多样性消防知识的宣传。第二，建设义务性消防宣传团队，向游客以及当地人进行相关知识宣传，并且指导他们正确使用消防设备，组织一系列的消防演练活动，提升游客的消防认知（图 7-7）。第三，要想让古建筑文物消防安全的宣传与推广工作得以有效落实，需要借助互联网、电视以及广播等对消防安全专业知识进行流动播放，通过消防广告提高消防安全宣传的效率，让人们掌握古建筑文物消防安全的相关信息。第四，进行古建筑文物消防安全宣传工作的时候，还可在宣传栏中张贴防火公告，并且在容易出现火灾的古建筑文物区域张贴安全警示，有效提升人们的消防安全认知。最后，要想拓宽消防安全知识宣传工作的范围，使其得以有效落实，还要鼓励所有人充分参与到消防安全宣传当中，对古建筑文物进行全面保护。

3）健全火灾应急预案

在保护我国古建筑文物的过程中，要想消除火灾隐患，就应该重视对古建筑文物火灾的相应应急预案进行健全和完善。在对其进行编制的过程中，应该明确预案的目的、内容、方式以及要求等。第一，在明确火灾治理目的的时候，应该重视预防为主，并且建立完善的火灾隐患预防以及治理机制，进而构建一个和谐且安全的建筑空间。第二，在明确火灾治理方式的时候，应该要求单位根据自身的岗位情况使用综合检查手段，加强古建筑文物消防设备的维护，严格执行消防预案，对火灾存有的安全隐患进行整改等。第三，将责任和管理进行有效结合，制订完善的应急管理机制，根据应急预案对火灾安全隐患进行有效控制，降低事故发生的概率。最后，在明确治理内容的时候，应该不断对平时工作的职责进行落实，制定工作责任制度，在源头上消除火灾安全隐患，有效控制古建筑文物存有的火灾安全隐患。

4）做好火灾隐患排查工作

在展开古建筑文物消防安全工作时，还应该重视对火灾隐患的排查。因此，应该从下面几个方面着手：第一，在排查当中，应该坚持“预防为主”的原则，将古建筑文物的安全隐患检查及灭火器等设备的设置情况进行落实，有效提升古建筑文物消防力度，有效降低发生火灾的概率；第二，在排查当中，应该在古建筑文物中配置火灾警报系统，并且对建筑物进行阻燃，进而实现对火灾隐患的有效防御；第三，在排查当中，应该重视全面预防原则，熟悉古建筑文物的实际分布，掌握火灾隐患的解决措施，了解其消防设备的安排情况等。

7.9 古建筑保护策略

中国古建筑在世界建筑中独树一帜，具有极高的艺术成就和科学价值，因此要加强对其保护。

（1）加强古建筑工艺的保护与传承研究

目前，古建筑保护研究更多的是关注建筑物形制、布局特点、审美特征、建筑文化等方面，中国传统建筑工艺技术却常被忽略。事实上，保护传统建筑工艺技术，坚持对传统工艺技术的传承和保护，是搞好古建筑保护修缮工作的先决条件。因此，必须在保护掌握传统建筑工艺技术的匠人的同时，还要加强传统建筑工艺技术的新人培养，构建一个比较完善的传承和教育体系，使这一类工艺技术继续健康有活力地发展下去。

（2）加强专业人才培养

我国古建筑保护理论知识薄弱，专业性人才缺乏。目前，虽然大多数高校都设置了建筑类专业，但是其主要研究方向是建筑设计和结构工程等，对于古建筑保护的研究涉及很少。因此，需要加强专业人员培养，提高古建筑保护理论研究水平和实践操作能力。应向国外学习先进的古建筑保护理念和修复方法，充分利用现代科学技术研究成果来解决新时期我国古建筑保护所面临的诸多问题，开创古建筑保护的新局面。

（3）借鉴国外古建筑保护的先进经验

我们应当借鉴国外古建筑保护的先进经验，取其优点，结合我国实际情况，对文物进行科学有效的保护。

（4）增强公众古建筑保护意识

对于古建筑的保护工作应该让广大人民群众都参与进来，成立专门的古建筑保护团体，宣传我国传统建筑的历史价值和艺术价值，使古建筑保护范围中的人民群众能配合政府部门工作，共同实现对古建筑历史文化价值的保护。

综上，对于古建筑的保护要靠全体人民的参与。古建筑的历史意义是当代建筑或翻新建筑无法比拟的，其中的历史积淀、时间洗礼和人文情怀，都是无法还原的。随着全民族文化素质的普遍提高，对古建筑的保护和管理势必会越来越受到全社会的重视，作为古建筑建设、施工、保护、管理的相关工作者，应当勇于担负起历史赋予的重任。

延伸知识：

1. 某清官式建筑修缮工程中墙面施工的质量保证措施

一、干摆墙与丝缝墙施工

干摆墙：干摆墙墙面没有明显的灰缝，可认为是一种无缝墙。表面呈灰色，平整无花饰，砖的立缝和卧缝都不挂灰，是一种极为讲究的墙体，对砖的平整度要求极高，每块砖的棱角要整齐，一般用于官式建筑的墙体下碱或重要部位。

丝缝墙：丝缝墙墙面有比较细小的灰缝，灰缝约 2~3mm，故又被称为细缝墙。通常不用在墙体下碱、槛墙、台帮等处，而是作为上身部分和下部干摆墙组合（图 7–8）。

干摆墙

丝缝墙

图 7–8 干摆墙与丝缝墙

质量问题：

干摆和丝缝墙墙面未露出“真砖实缝”，对砖表面的砂眼、残缺处的打点（补平）痕迹明显，不自然。

原因分析：

1）未用清水清洗。或同一桶水反复使用后，水已变得混浊不清。

2）墙面砖缝不严，缺棱掉角处较多，操作者就用刷浆的办法进行遮盖。

3）配制打点用“药”时，“药”的颜色未与砖色对比，或是用了未干的“药”与砖色对比。

4）打点后的砖“药”，未予打磨，或未与墙表面磨平，因而略高于墙面。

5）打点砖“药”在漫水活工序之后才进行，因此无法通过漫水活与墙面融为一体。

质量管理措施：

1）刷洗墙面的清水必须反复更换，使水保持清洁。

2）反复刷洗，直至墙面露出“真砖实缝”。

3）严禁在墙表面刷浆。

4）砖“药”要由技术较高的工人统一配制，砖“药”的颜色要待其干后再与砖色对比。

5）打点砖“药”应在漫水活之前进行，且应反复打磨，直至与墙表面完全平为止。

二、仿古面砖施工

质量问题：

仿古面砖镶贴不牢，墙面空鼓，甚至局部脱落。

原因分析：

1）面砖在镶贴前浸水时间太短。

2）灰浆不饱满。

3）发现墙面不平整后，对已贴好的前几层砖复又敲击，造成浮摆。

4）贴完后未反复浇水养护，墙面在短时间内干燥，致使水泥砂浆的强度无法提高。

质量管理措施：

1）镶贴前，面砖的浸泡时间不少于3min。

2）砂浆中可掺入胶类外加剂，以增强砂浆和易性及粘结力。

图7-9 仿古面砖

3）砂浆的饱满度应不小于95%。

4）粘贴后不得为追求墙面平整而对已贴好的前几层砖又进行敲击。

5）完工后墙面应反复浇水，使其能持续保持湿润。浇水养护的日期不少于5 ~ 7d。

2. 某私家园林古建筑群修缮工程主要工种的安全操作规程

一、油漆工安全操作规程

（1）进入施工场所，严禁吸烟，不准带火种进入（火柴、打火机等）。领用油漆、化工材料等易燃品时，用多少领多少。用毕的油漆、化工材料等要上盖归库，不得随意乱丢。

（2）进行油漆作业时，严禁将灯靠近油漆材料容器。喷漆作业时要戴好保护口罩，室内要打开门窗或用排风扇驱气，以减弱喷漆浓度。

（3）所有沾染漆类及油类的旧报纸、废纱头等物品，应收集在有盖铁桶内，定期处理，以防失火。

（4）开工前必须对工具、脚手架、梯凳、跳板等进行详细检查，绑扎用的绳钩要扎紧、挂牢，经检查确认安全可靠后，才能使用。

（5）操作含毒、酸、碱等腐蚀性的油漆、颜料、溶剂时，尤其应遵守本规程的有关规定。

二、木工安全操作规程

（1）工作前应认真学习各种木工机械的安全操作规程。

（2）检查所使用的工具有无损伤或松动，挥动工具时注意不要碰伤人。

（3）加强消防意识，严禁吸烟以及将火种带入现场。工作完毕后，需将施工现场的木屑、刨花等打扫干净。

（4）不得将带钉的木头、木板随地乱丢，看见有带钉的废木料要立即清除，以防伤害他人。

（5）登高作业时应使用稳固的梯子。

（6）使用圆锯前应先试车，发现锯盘裂纹缺牙应立即调换。

（7）在锯料时，木料要放稳，两手均衡按住，以防木块飞出伤人。

三、焊工安全操作规程

（1）工作前必须戴好防护用品。电焊钳、电线切勿搭在焊件上，以防止损坏漏电。

（2）握手钳时，手指不能放在铜头上。严禁将脚搭在电线上或电焊棒上。

（3）不准在易燃易爆物资附近进行焊接。

（4）在使用气焊时，严禁抛掷、滚动气瓶，以及将气瓶撞击、暴晒和接近高温。

（5）严禁把未熄灭的焊枪放入水中冷却。

（6）严禁在乙炔发生器附近使用火种。

（7）工作时氧气瓶和乙炔发生器必须严格分离（最近不得小于5m）。

（8）焊接前应检查氧气瓶、乙炔发生器和皮管是否漏气。

（9）工作完毕后关闭乙炔发生器和氧气瓶，并按规定的安全措施处理放置。

四、瓦工安全操作规程

（1）工作前应检查场地整理情况，防止可能产生撞翻物件、砸伤身体之类的事故。

（2）在高空脚手架上接料时应防止坠落，下面送料时须戴好安全帽，上下操作者必须呼应。严禁从高空抛掷工具。

（3）在工作中不得任意搭设飞跳板。脚手架堆物不准超重，不准多人站立在脚手架板上，防止断塌。

（4）拆除墙壁或在墙壁上打孔时，应事先在危险区域设护栏，并加明显标志。

章节检测

一、单项选择题

1. 做好古建筑施工资料电子化管理的意义不包括（　　）。

A. 可提升工程施工质量

B. 可实行对建筑工程的整体性分析和项目的全过程监督

C. 可方便施工人员传输文档，分享信息

D. 可对施工工期进行科学安排

2. 有效的施工质量管理，可助力（　　）。

①建筑群落质量提升

②施工企业管理与技术水平双提升

③建筑项目施工企业素质整体获得提升

A. ①②　　B. ①③　　C. ②③　　D. ①②③

二、判断题

1. 交底的方式有书面形式、口头形式和现场示范形式等。（　　）

2. 项目管理人员的设置，以能实现项目要求的工作任务为原则，尽量简化机构，减少层次，做到精干高效。（　　）

3. 建筑工程现场施工的安全管理工作者应该根据不同的分部工程进行具有针对性的技术管理和安全交底，对于安全管理工作的标准化完成应该

进行签字确认。(　　)

4. 在高于 5m 的高空中工作的施工人员需要系好安全带，戴好安全帽，并避免在高空操作时做大幅度摆动动作。(　　)

三、简答题

1. 施工资料管理的原则是什么？
2. 古建筑文明施工管理措施有哪些？
3. 我国古建筑文物消防安全的实施策略是什么？
4. 如何提高古建筑保护工程队伍的总体水平？

参考文献

[1] 白玉忠，白洁．中国古建筑修缮及仿古建筑工程施工质量验收指南[M]. 北京：中国建材工业出版社，2019.

[2] 田永复．中国古建筑知识手册[M]. 北京：中国建材工业出版社，2019.

[3] 鄢维峰，印宝权．建筑工程施工组织设计[M]. 北京：北京大学出版社，2018.

[4] 蔡雪峰．建筑工程施工组织管理[M]. 北京：高等教育出版社，2018.

[5] 肖凯成，王平．建筑施工组织[M]. 北京：化学工业出版社，2020.

[6] 李学泉．建筑工程施工组织[M]. 北京：北京理工大学出版社，2017.

[7] 鲍晓军．建筑施工组织与管理[M]. 南京：江苏凤凰教育出版社，2015.

[8] 叶荻．文物古建筑的消防安全管理探讨[J]. 文物鉴定与鉴赏，2021（6）：74—76.

[9] 李长明．文物古建筑修缮工程优化施工管理的几点思路[J]. 建筑与文化，2016（12）：69—70.

[10] 张阿荔．对古建筑修缮施工质量的研究[J]. 中国标准化，2018（4）：85—88.

[11] 陈超．浅谈建筑工程施工的环境保护措施[J]. 节能，2019，38（4）：111—112.

[12] 陈金龙．建筑施工项目的现场安全管理改进探析[J]. 安徽建筑，2021，28（3）：187—188.

图书在版编目（CIP）数据

古建筑施工组织与管理 / 杨建林，陈良主编．— 北京：中国建筑工业出版社，2022.9
住房和城乡建设部“十四五”规划教材　全国住房和城乡建设职业教育教学指导委员会建筑与规划类专业指导委员会规划推荐教材　高等职业教育建筑与规划类“十四五”数字化新形态教材
ISBN 978-7-112-27672-1

Ⅰ.①古…　Ⅱ.①杨…②陈…　Ⅲ.①古建筑—施工组织—职业教育—教材②古建筑—施工管理—职业教育—教材　Ⅳ.①TU-87

中国版本图书馆 CIP 数据核字（2022）第 135919 号

本书由校企合作共同开发，依据《建筑施工组织设计规范》GB/T 50502、《古建筑修建工程施工与质量验收规范》JGJ 159 等规范标准，并参考目前古建筑施工中常用的施工组织方式和先进的管理方法，共编写有古建筑施工组织绪论、古建筑施工准备工作、古建筑流水施工原理、古建筑网络计划技术、古建筑施工组织总设计、古建筑单位工程施工组织设计、古建筑施工管理等 7 个章节。全书紧扣古建筑施工组织与管理中的重点，编排顺序由浅入深，内容上突出古建筑施工与现代建筑施工的联系与差别，兼顾常规施工组织教学的普适性和古建筑施工组织教学的专业性，因此具有新颖性和实用性，易于读者阅读和掌握。

本书可作为高职高专院校古建筑工程技术专业、风景园林、园林工程技术、建筑工程技术专业、建设工程管理专业、工程监理专业等的教学用书，也可作为古建筑施工岗位人员培训的教材。

为更好地支持本课程的教学，我们向使用本书的教师免费提供教学课件，有需要者请与出版社联系，邮箱：jckj@cabp.com.cn，电话：（010）58337285，建工书院：http：//edu.cabplink.com。

责任编辑：杨　虹　周　觅
书籍设计：康　羽
责任校对：党　蕾

住房和城乡建设部“十四五”规划教材
全国住房和城乡建设职业教育教学指导委员会
建筑与规划类专业指导委员会规划推荐教材
高等职业教育建筑与规划类“十四五”数字化新形态教材
古建筑施工组织与管理
主　编　杨建林　陈　良
主　审　唐小卫
*
中国建筑工业出版社出版、发行（北京海淀三里河路 9 号）
各地新华书店、建筑书店经销
北京雅盈中佳图文设计公司制版
北京云浩印刷有限责任公司印刷
*
开本：787 毫米 ×1092 毫米　1/16　印张：14　字数：262 千字
2023 年 3 月第一版　2023 年 3 月第一次印刷
定价：**36.00** 元（赠教师课件）
ISBN 978-7-112-27672-1
（39852）